Hanspeter Reiter

Effektiv telefonieren

Hanspeter Reiter

Effektiv telefonieren

Tools, Tipps und Gesprächstechniken für den Businessalltag

Bibliografische Information der Deutschen Nationalbibliothek

Die Deutsche Nationalbibliothek verzeichnet diese Publikation
in der Deutschen Nationalbibliografie; detaillierte bibliografische
Daten sind im Internet über http://dnb.d-nb.de abrufbar.

ISBN 978-3-89749-860-0

Lektorat: Claudia Lange, Renningen (www.bookpartner.de)
Umschlaggestaltung: Martin Zech Design, Bremen (www.martinzech.de)
Umschlagfoto: Markus Moellenberg/zefa/Corbis
Satz und Layout: Lohse Design, Büttelborn (www.lohse-design.de)
Druck und Bindung: Salzland Druck, Staßfurt

Über aktuelle Neuerscheinungen und Veranstaltungen informiert
Sie der GABAL-Newsletter unter www.gabal-verlag.de

Inhalt

Vorwort

„Ruf doch mal an!" – lang, lang ist's her, dass der damalige Monopolist in der Tele-Kommunikation, die Deutsche Post, mit diesem Slogan warb. Das Ziel war, mehr Menschen zu seinerzeit vergleichsweise teuren Ferngesprächen zu motivieren. Heute ringt in der Telekommunikationsbranche eine Vielzahl von Telefon-Dienstleistern um die Gunst der Verbraucher, unter anderem durch den Einsatz von Massen-Akquisetelefonaten. Mit einem unangenehmen Effekt, den auch Sie wahrscheinlich spüren, egal ob als Führungskraft, Projektleiter, Trainer, Berater oder Vermittler: Wer am Arbeitsplatz angerufen und um etwas gebeten wird, schaltet häufig ohne weitere Kenntnis des Anrufgrundes zunächst auf Ablehnung, weil das der automatischen Reaktion auf Akquiseanrufe am privaten Telefon entspricht. Diese zumindest verhaltene Reaktion wiederum führt häufig dazu, dass die eigene Scheu zunimmt, zum Telefon zu greifen, wenn es gilt, Kontakt aus Gründen des eigenen Business aufzunehmen: Die eigene negative Reaktion auf Anrufe wird zur Erwartungshaltung. Besonders in heiklen Situationen transportiert diese negative Einstellung zum Telefonanruf dann eine andere, inzwischen weit verbreitete Reaktion: Statt zu telefonieren wird gemailt, eine SMS geschickt (Kurzmitteilung via Handy) oder gar auf ein klassisches Fax oder die Briefpost zurückgegriffen, bloß um eine mögliche Konfrontation zu vermeiden. Dabei ist der persönliche Dialog in fast jeglicher Hinsicht unschlagbar.

Telefonieren – negativ besetzt?

Wer dem Gesprächspartner in Sekunden klarzumachen vermag, welcher Vorteil durch den persönlichen Draht am Telefon zu gewinnen ist, der wird gut mit ihm ins Gespräch kommen. Das gilt grundsätzlich für jegliche Form des Telefonierens wie etwa:

Der persönliche Draht per Telefon ist unverzichtbar

- ▪ aktives Anrufen zu Geschäftszwecken, „Outbound" genannt: Terminieren, Verkaufen, Qualifizieren …
- ▪ reaktives Telefon-Marketing: Sie als Unternehmer/im Unternehmen werden von Menschen angerufen, die potenziell an Ihrer Leistung interessiert sind …

■ Klären von auftretenden Fragen jeder Art, sei es zu Reklamationen, Produktdetails oder Dienstleistungen; Anfordern von Unterlagen, Nachfassen von Kontakten …

Unabhängig von Branche und Tätigkeit klärt ein Dialog am Telefon häufig in Minuten, wofür ein schriftlicher Austausch (auch via E-Mail) Stunden oder gar Tage benötigt. Eine gute Kommunikation am Telefon mit Kunden wie mit eigenen Mitarbeitern oder Lieferanten entscheidet häufig über Erfolg und Misserfolg. Das umfasst die Akquisition genauso wie die andauernde Kundenbetreuung oder die Vor- und Nachbereitung von Maßnahmen, etwa um eine nachhaltige Wirkung in der Weiterbildung oder der Personalentwicklung zu sichern.

Was Ihnen dieses Buch bietet

Für dieses Spannungsfeld „Ruf ich mal an oder nicht?" haben wir ein Dutzend Situationen identifiziert, bei denen der telefonische Kontakt besonders herausfordernd ist und Krisen im weitesten Sinne erzeugen kann, je nach persönlicher Erfahrung und Talent der aktiven Person. Das chinesische Schriftzeichen für „Krise" beispielsweise ist aus zwei einzelnen zusammengesetzt, nämlich aus „Risiko" und „Chance". Dieses treffende Bild mag Ihnen helfen, neben dem Risiko eines Kontaktes aus der Distanz vor allem die vielen Chancen des persönlichen Dialogs wahrzunehmen. So können Sie jeglichen Anruf freudig für weiter führende Lösungen nutzen, wie sie in diesem Buch ausführlich Schritt für Schritt entwickelt und für Sie umsetzbar dargestellt sind. Dazu dient auch das zweite Dutzend Tools, das Sie daran anschließend kurz und kompakt unter dem Motto „Tipps, Tricks & Techniken" finden. Einige Formulare, die Sie an Ihre eigenen Bedürfnisse anpassen können, finden Sie auch auf der Verlagswebsite www.gabal-verlag.de unter „Effektiv telefonieren".

Experimentieren Sie mit den vorgestellten Tools

Wählen Sie über die Themenblöcke oder die einzelnen Stichwörter, was Ihnen für Ihren Berufsalltag besonders hilfreich erscheint. Bauen Sie in Ihre eigene Arbeit oder in die Ihrer Mitarbeiter Lösungen ein, die Sie überzeugen, und die zu Ihnen (und zu Ihrem Unternehmen) passen. Experimentieren Sie mit durchaus unüblichen Vorgehensweisen. Gleichzeitig sollten Sie auf jeden Fall authentisch wirken, denn das erhöht Ihre Wirkung und damit die

Wahrscheinlichkeit, gewünschte Ziele im Einklang mit denen Ihres jeweiligen Gesprächspartners zu erreichen. Und zwar unabhängig davon, ob Sie Anrufer sind oder angerufen werden.

Was auch immer in Zukunft zum Telefonieren genutzt werden wird, ob Smartphone, Multimediahandy, Internettelefonie oder das Festnetz, ist zweitrangig. Entscheidend für das Gelingen der Kommunikation wird immer der sprachliche Austausch sein, weniger die Art des Gerätes oder der technischen Verbindung. Hier gilt inmitten aller Geräteentwicklung: „Back to the roots" im Sinne der Fokussierung auf das persönliche Gespräch. Dass der Telefonkontakt eine besondere Form des persönlichen Dialogs darstellt und in vielerlei Hinsicht vom Vis-à-vis-Kontakt abweicht, darauf will Sie das als Einstieg vorgestellte Kommunikatonsspiel einstimmen: ein Starter, den ich seit Jahren erfolgreich einsetze – in Trainings, Meetings und Besprechungen, vor allem beim ersten Treffen einer formellen oder eher informellen Runde, eines frisch formierten Teams. Zum Ankommen, Kennenlernen, Aufwärmen und natürlich immer dann, wenn es (auch) um das Telefonieren geht, etwa bei Themen wie Akquise, Kundenservice, Projektkommunikation, Recherche oder Workflow-Optimierung. Und darüber hinaus auch dann, wenn es um Kommunikation überhaupt geht: als Führungskraft, im Team, in Konfliktfällen … Neugierig geworden? Dann lesen Sie gleich weiter!

Perfekter Einstieg: das Kommunikationsspiel

9

Kapitel 1: Telefonieren – die etwas andere Art zu kommunizieren

Das Kommunikationsspiel und seine Konsequenzen für den Telefon-Dialog im Alltag

Wenn Sie in diesem Buch lesen, befinden Sie sich wahrscheinlich gerade außerhalb einer typischen Arbeitssituation. Doch wo und wann Sie darin lesen, ein Telefon kann immer läuten. Nehmen wir einmal an, Sie haben sich vom Telefon abgekoppelt, etwa bei einer Weiterbildungsmaßnahme, beim Führungskräfte-Meeting oder in der Teambesprechung. Das bietet Ihnen eine gute Gelegenheit, sich die Besonderheiten der telefonischen Kommunikation mit unserem Kommunikationsspiel bewusst zu machen. Dabei werden Sie selbst und auch Ihre Mitarbeitenden, Kollegen oder externen Vertriebsbeauftragten vom Erleben dieses Kommunikationsspiels und seiner speziellen Art der Gesprächsführung profitieren.

Übung Stellen Sie sich Rücken an Rücken mit einer zweiten Person, die anderen Teilnehmer bilden ebenfalls voneinander abgewandte Paare. Die jeweils Rücken zu Rücken stehenden Personen unterhalten sich über ein Thema ihrer Wahl. Auch im privaten Bereich können Sie diese Situation nachstellen, etwa mit Familienmitgliedern, Freunden oder bei einer Party.

Notieren Sie dann bitte, was Sie erlebt haben – was war für Sie anders als sonst bei persönlichen Gesprächen? Wie hat das „Rücken-an-Rücken-Stehen" mit mehreren Paaren im Raum Ihre Gesprächssituation beeinflusst?

_____

_____

Vergleichen Sie nun Ihre Antworten mit diesen aus der Praxis:

- *Lauter sprechen*: Ich habe Herrn ABC schlecht verstanden, weil es rundum laut war; Ich hatte Frau XYZ nicht gegenüber, konnte sie nicht direkt ansprechen
- *Einander abgewandt stehen*: Es ist schwierig, die andere Person zu verstehen wegen der weiteren Gespräche; Ich sehe den anderen nicht; ich kann ihm nichts zeigen; Wollte ihr wohl näher am Ohr sein
- *Die Rücken der beiden kommunizierenden Personen berühren einander:* Komisch – als würden wir Nähe suchen; So habe ich den anderen besser verstanden
- *Gestikulieren*: Ich meinte wohl, mich besser verständlich machen zu können, obwohl sie ja gar nicht sehen konnte, was ich zeigte

Hier zeigt sich deutlich, dass über das Telefon nur ein Teil jener Kommunikation übertragen wird, die wir „live" erleben, im so genannten Vis-à-vis- oder Face-to-face-Kontakt. Entsprechend dem Eisberg-Prinzip – beim Eisberg liegen circa $7/8$ des Gesamtvolumens unter der Wasseroberfläche! – bleibt ein weitaus größerer Teil verborgen, und zwar etwa $2/3$ bis $4/5$ der Kommunikationssituation. Denn nur beim Einsatz *aller* unserer Sinne (primär Sehen, Hören und Fühlen – dazu noch Schmecken und Riechen) nehmen wir 100 Prozent einer Situation auf (mehr dazu siehe NLP). Da am Telefon aber nur das Hören eingesetzt werden kann (Sprechen betrifft denselben Sinn), nehmen wir maximal $1/3$ der Informationen auf, die wir sonst erleben: Mindestens zwei von drei wichtigen Sinnen entfallen also, vielleicht sind es sogar vier von fünf! Die üblichen Ablenkungen während der Kommunikationssituation dagegen gibt es weiterhin, ohne dass wir sie beim Gesprächspartner wahrnehmen können.

Die Quintessenz kurz zusammengefasst:

1. Im Gegensatz zur Vis-à-vis-Kommunikation ist der Austausch exklusiv verbal, funktioniert also nur über Sprechen und Hören. Nonverbales (Mimik/Gestik) entfällt – jedenfalls weitestgehend: Lächeln und Entspanntsein (bzw. Angespanntsein) ist beispielsweise hörbar. Visuelles und Fühlbares entfällt ganz – Zeigen und Bewegen müssen ersetzt werden.

2. Beide Gesprächspartner können durch ihr Umfeld abgelenkt sein: durch andere Menschen im Raum oder andere Aktivitäten, abhängig von dem, was Sender und Empfänger vorher gerade getan haben bzw. immer noch nebenbei tun (am PC arbeiten, Papiervorgänge bearbeiten …).

3. Beim eigentlichen Telefonieren ist häufig eine Hand belegt – durch den Hörer, Handset genannt. Headsets tragen meist nur Viel-Telefonierer, etwa im Call-Center. Paralleles Arbeiten am Computer führt zum Einklemmen des Hörers zwischen Schulter und Kopf, so oder so ist Gestikulieren kaum mehr möglich. Der Körpereinsatz entfällt, womit auch weniger Emphase ins Gespräch kommt, denn Betonen geht einher mit körperlicher Bewegung.

Lenken Sie die volle Konzentration Ihres Gesprächspartners auf sich

Der besondere Effekt des Kommunikationsspiels liegt im Allegorischen: Die Beteiligten werden zunächst unbewusst in eine Telefonähnliche Situation versetzt. Erst das Reflektieren über die erlebte Situation macht ihnen bewusst, was alles anders ist beim Telefonieren gegenüber dem Kommunizieren mit einer Person vis-à-vis. Würde diese Analyse dagegen auf „normales Telefonieren" mit Handsets oder auch Headsets folgen, entfiele das Aha-Erlebnis. Auf die beschriebene Weise dagegen fokussieren Sie den entscheidenden kleinen Unterschied, dessen Effekt so gewichtig ist: Wie können Sie sicher(er) sein, am Telefon wirklich die volle Konzentration Ihres Gegenübers auf sich zu lenken? Menschen reagieren zwar stark auf Geräusche, und dazu zählen auch Stimme und gesprochene Sprache. Das Fehlen von Sichtkontakt und Greifbarem erschwert jedoch die Kommunikation erheblich. Hier hilft bereits die Aufforderung, etwas zu notieren – schon ist der Tastsinn beteiligt und verstärkt Konzentration (also: Aufmerksamkeit) und Lerneffekt.

Übung

Apropos Lerneffekt: Schätzen Sie doch einmal, welches Vorgehen wie viel Erfolg zeitigt. Notieren Sie hier Ihre Schätzung, bevor Sie am Ende der Übung nachsehen, welche Ergebnisse Tests ergeben haben:

Nur hören – führt zu … % Lern-Erfolg

Nur sehen – führt zu … % Lern-Erfolg

Hören und sehen – führt zu … % Lern-Erfolg

Hören und sehen und darüber sprechen – führt zu …% Lern-Erfolg

Hören, sehen, darüber sprechen und selbst tun – führt zu … % Lern-Erfolg.

[Lösung: 20 % / 30 % / 50 % / 70 % / 90 %.]

Die Interpretation dieser gerundeten Zahlen ergibt: Gemessen wird der behaltene, also gelernte, Anteil einer zu vermittelnden Lernmenge nach jeweils gleichem Zeitabstand von zum Beispiel vier Wochen. Konkret bedeutet das: Wird nur mithilfe des Gehörs gelernt, ist nach vier Wochen noch etwa ein Fünftel behalten, mit „nur Sehen" knapp ein Drittel. Die Kombination von Hören und Sehen hebt die Quote schon auf die Hälfte. Kommt der verbale Austausch mit anderen dazu, werden es annähernd drei Viertel. Mit dem eigenen Umsetzen ist nach vier Wochen bis auf ein Zehntel noch alles verfügbar. Wenn dies auch nur Schätzwerte aus der Praxis sind, für die bisher wissenschaftliche Belege noch ausstehen, stellen sie doch eine plakative Aussage dar, die nachvollziehbar ist.

Ihre Botschaft per Telefon optimal beim Gesprächspartner zu platzieren, erfordert demnach einen fast fünffachen Aufwand an Kommunikation gegenüber dem persönlichen Gespräch. Die Crux beim Telefonieren besteht also offenbar darin, neben dem Hören weitere Sinne anzusprechen. Wie das gelingen kann? Hilfen bietet zum Beispiel das „mehr-sinnige Sprechen" des „Neuro-Linguistischen Programmierens" (NLP, weitere Informationen etwa beim Methodenverband DVNLP e.V., www.dvnlp.de): Tatsächlich ist es möglich, allein durch die Wahl Ihres Wortschatzes unterschiedliche Sinne Ihres eigentlich nur hörenden Partners einzubeziehen. In der folgenden Tabelle sind einige Beispiele für Sie zusammengestellt; ergänzen Sie gerne in den Leerzeilen, was Ihnen für Ihren Alltag zusätzlich einfällt.

Mehrere Sinneskanäle ansprechen

Neutrale Formulierung	Die Hauptsinne einbeziehende Formulierung:		
	Visuell (Sehen)	Auditiv (Hören)	Kinästhetisch (Fühlen)
Ein Thema bearbeiten	Hinschauen	Reinhören	Begreifen
Umsatz-Entwicklung positiv	Erfolg zeigt sich	In der Kasse klingeln	Umsatzsprung, Rubel rollt
Kontrollfrage	Sieht gut aus, oder?	Wie klingt das für Sie?	Was für ein Gefühl haben Sie dabei?
Etwas positiv darstellen	Vielfarbig ausmalen	In den höchsten Tönen loben	Passt in alle Richtungen!
Harmonisch	In allen Regenbogenfarben	Wohl klingend	Voll im Griff
Hoch intensiv	Grell	Schrill	Schlagend
Ablehnung signalisieren	Durchsichtiges Manöver	Findet wenig Anklang	Abschlägig beschieden

Die drei Hauptsinne werden als „VAK" zusammengefasst und abgekürzt. Seltener werden die beiden weiteren der insgesamt fünf Sinne einbezogen, hier passende Beispiele.

Neutrale Formulierung	Geruchs- und Geschmackssinn einbeziehende Formulierungen:		
	Olfaktorisch (Riechen)	Gustatorisch (Schmecken)	Was davon gefällt Ihnen selbst gut?
Ein Thema bearbeiten	Reinschnüffeln	Reinschmecken	
Umsatz-Entwicklung positiv	Das riecht nach mehr!	Das schmeckt dem Controller!	
Kontrollfrage	Wonach duftet das für Sie?	Hat Würze, oder?	
Etwas positiv darstellen	Da weht ein angenehmes Lüftchen um die Nase	Da läuft das Wasser im Munde zusammen	
Harmonisch	Riecht angenehm	Zergeht auf der Zunge	
Hoch intensiv	Beißend	Scharf	
Ablehnung signalisieren	Das riecht ja unappetitlich!	Auf den Geschmack bringen Sie uns nicht!	

In den Tabellen finden Sie bewusst gemischt Fragesätze, Aussagen und Ausrufe zu den neutralen Formulierungen. Das öffnet Sie gleich für kreatives Weitermachen: Dazu tragen Sie zunächst in die rechte Spalte der zweiten Tabelle ein, welcher der jeweils fünf sinnesbetonten Formulierungen Ihnen besonders passend erscheint. Die meisten Menschen haben nämlich einen stärker ausgeprägten Sinn, sind also eher ein visueller, auditiver oder ein kinästhetischer Typ. Wir alle neigen dazu, unseren Wortschatz vor allem aus diesem bevorzugten Sinnesbereich zu verwenden. Wenn Ihr Gesprächspartner nun zufällig gleichartig gepolt ist, passt das wunderbar. Wenn allerdings ein stark Visueller auf einen stark Auditiven trifft, kann es passieren, dass sich die beiden schwertun, einen Draht zueinander zu finden. Konkret kann der eine nicht „erkennen", der andere nicht „verstehen", was der Gesprächspartner von sich gibt. Um dies zu vermeiden, bieten sich Ihnen mindestens zwei Vorgehensweisen:

- Sie lernen und üben, zunächst Ihren eigenen Sinnestyp zu identifizieren und dann im jeweiligen Gespräch den des anderen. Setzen Sie anschließend gezielt und bewusst den Wortschatz aus der Sinneswelt Ihres Gesprächspartners ein – Sie werden leichter sein Ohr finden.
- Machen Sie sich ebenfalls Ihren eigenen Typ bewusst. Verzichten Sie allerdings darauf, im Gespräch Ihr Gegenüber zu analysieren. Benutzen Sie vielmehr einen möglichst abwechslungsreichen Wortschatz, der alle Typen gleichermaßen erreicht – statt nur die Wörter Ihrer eigenen Sinneswelt. So sind Sie auf der sicheren Seite!

Wie finden Sie nun Ihren Typus heraus? Bitten Sie eine Person Ihres Vertrauens (aus dem privaten oder dem Business-Bereich), genau hinzuhören. Dazu sollten Sie mit dieser Person erst die in den Tabellen dargestellten Formulierungen anschauen, damit dem anderen klar wird, worauf er zu achten hat. Objektiver wird es, wenn Sie Gespräche mitschneiden (Telefonate oder auch persönliche) und diese analysieren, indem Sie in der Art der obigen Tabellen den Wortschatz den Sinnestypen zuordnen, die Wörter zählen und auf diese Weise Ihre Typenverteilung erkennen. Wie schon erwähnt gibt es meist einen dominanten Sinnestyp, die beiden anderen Hauptsinne zeigen häufig eine ähnliche Verteilung. Eine Testperson ist

So finden Sie Ihren bevorzugten Kommunikationskanal heraus

zum Beispiel zu 50 Prozent ein visueller Sinnestyp, zu 30 Prozent auditiv und zu 20 Prozent kinästhetisch. Konkret also etwa zur Hälfte visuell und je circa zu einem Viertel auditiv und kinästhetisch. Dabei werden bei der Auflistung genauso Nomina (Hauptwörter) wie Adjektive (Eigenschaftswörter) und Verben (Zeitwörter/Tätigkeitswörter) gewertet.

Noch ein Beispiel gefällig? Analysieren Sie bitte den obigen Abschnitt, den Sie soeben gelesen haben. Tragen Sie die konkreten Begriffe hier in die Tabelle ein; abstrakte Begriffe (etwa „objektiv, privat") zählen zu den neutralen – lassen Sie diese außen vor.

Visuell (Sehen)	Auditiv (Hören)	Kinästhetisch (Fühlen)

Tragen Sie in die jeweils letzte Zeile die Summe ein – schon haben Sie die Sinnesverteilung! Hier sollte in etwa herauskommen: sechs visuelle, vier auditive, sieben kinästhetische Formulierungen (also aus gesamt 17 gewerteten Wörtern ca. 33 Prozent V, 25 Prozent A und 42 Prozent K – dies entspricht etwa einem Durchschnitt der deutschen Bevölkerung). Und so wird Ihre befüllte Tabelle wahrscheinlich aussehen:

Visuell (Sehen)	Auditiv (Hören)	Kinästhetisch (Fühlen)
Hinweise	Hinzuhören	Finden
Anschauen	Gespräche	Mitschneiden
Klar wird	Zählen	Zuordnen
Erkennen	Erwähnt	Auflistung
Zeigen		Verteilung
Achten		Eigenschaft
		Tätigkeit
Visuell	Auditiv	Kinästhetisch
		dominiert
35,3 %	23,5 %	41,2 %

Erklärung: Nur ein kleiner Teil des Wortschatzes wirkt sinnentypisch und kann VAK (= Visuell – Auditiv – Kinästhetisch) zugeordnet werden. Je konkreter die Bedeutung der benutzten Wörter, desto besser ist das machbar. Manchmal reagieren wir auf die Wurzel eines Wortes, siehe „ge*hört* dazu", als scheinbar auditiven Begriff. Sind für Sie Wörter eher unklar, dann lassen Sie sie weg. Diskutieren ließe sich zum Beispiel über „mit*schneiden*", das ja hier „*Töne* aufzeichnen" meint und somit Akustisches betrifft.

TIPP: So intensivieren Sie den Aha-Effekt des Spiels
Dieses Kommunikationsspiel können Sie naturgemäß vielfach variieren. Hier finden Sie einige Anregungen für den Einsatz in der Business-Kommunikation:

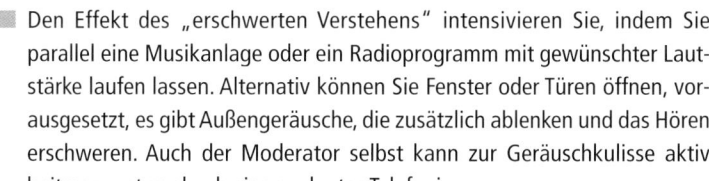

- Den Effekt des „erschwerten Verstehens" intensivieren Sie, indem Sie parallel eine Musikanlage oder ein Radioprogramm mit gewünschter Lautstärke laufen lassen. Alternativ können Sie Fenster oder Türen öffnen, vorausgesetzt, es gibt Außengeräusche, die zusätzlich ablenken und das Hören erschweren. Auch der Moderator selbst kann zur Geräuschkulisse aktiv beitragen, etwa durch eigenes lautes Telefonieren …
- Mögliches Missverstehen durch Erschwernisse in der Kommunikation ist für

viele Führungssituationen relevant: im Team, bei Einzelgesprächen oder in Meetings – im Grunde in jeglicher Kommunikation, die Ablenkungen ausgesetzt ist. Ihr Ziel könnte dann zum Beispiel lauten: Spürbar machen, dass Ablenkung geschieht, und Lösungen erarbeiten lassen, wie diese (weitestgehend) vermeidbar sind: Handys ausschalten, Nebengespräche unterlassen, beim Thema bleiben, Zeitung- und Aktenlesen beenden …

Fazit: Hoffentlich waren für Sie Abläufe, Gedanken und Effekte gut verständlich und auch ohne Grafiken, Illustrationen und bunte Abbildungen farbig genug. Denn das ist das erklärte Ziel dieses Buches: Ihnen ausschließlich verbal Ideen und Anregungen zu vermitteln. Wir verzichten mit Ausnahme von Tabellen und der Tipp-Glühbirne auf jegliche Illustrationen, bildhaft soll vielmehr die Sprache als solche wirken. So, wie auch Telefon-Kommunikation funktionieren kann, wenn Sie wie dargestellt die Risiken scheinbar „ein-sinniger" Dialoge erkennen und die darin liegenden Chancen bestens und „mehr-sinnig" nutzen und für sich umsetzen können.

Kapitel 2:
Sinne ersetzen –
Präsentieren
am Telefon

Einleitung: Situationen bildhaften Präsentierens

Präsentieren gehört heute genauso zum Alltag einer Führungskraft wie zu dem eines Verkäufers, Projektmitarbeiters oder Assistenten – und natürlich eines Trainers oder Beraters. Zu den Präsentationsgelegenheiten zählen:

- Verkaufs- oder andere Verhandlungen
- Meetings
- Projektbesprechungen
- Produktvorstellungen
- Dienstleistungspräsentationen
- Bewerbungen

Häufig bleibt außer Acht, dass es neben elektronischen Möglichkeiten auch klassische Medien gibt, die hilfreich sind, einen Stoff zusammen mit der Teilnehmerrunde zu entwickeln. In Präsentationsseminaren wird oft der Schwerpunkt auf das Visualisieren des zu präsentierenden Inhalts gelegt:

- Art der Präsentation klären
- Moderne Elektronik einsetzen (PowerPoint, Beamer …)
- Worauf kommt es an? (Schrift/-art, -größe; Farben; Bilder; Texte …)
- Spezielle Tipps & Tricks
- Eigene Präsentation (mitgebracht oder frisch aufbereitet)
- Üben vor/mit der Kamera
- Analyse

Entwickeln Sie Ihre Präsentationen ohne Technik weiter

Wer neben moderner Technik auch mit Flipchart, Pinnwand, Whiteboard oder Moderationskarten arbeitet, bringt zusätzlich zur auditiven und visuellen Verarbeitung auch Kinästhetik ins Spiel. Das beginnt mit dem Aufschreiben eigener Gedanken parallel zu den Notizen des Moderators am Flipchart oder auf der Folie des Overhead-Projektors. Dazu kommt eigenes Schreiben auf Moderationskarten oder das Abschreiben der vorgestellten Stichwörter. Aber was tun Sie, wenn Laptop, Beamer und PowerPoint einmal nicht zur Verfügung stehen, etwa weil die Technik ausfällt? Sehen Sie es positiv, denn an schwierigen Situationen lernt es sich bestens. Schließlich wird im Alltag vieler Berufe tatsächlich rein verbal präsentiert, nämlich am Telefon! Dieser schwierigere Kommunikationsweg eignet sich perfekt, Ihre Präsentationen generell weiterzuentwickeln: Hier sind Sie gezwungen, möglichst viel verbal zu vermitteln statt nur mit PowerPoint-Folien zu arbeiten.

Setzen Sie gezielt Bildsprache ein

Wer sich generell um bildhaftes Präsentieren bemüht, schafft beste Voraussetzungen, beim Empfänger zumindest mit rund der Hälfte der Botschaft zu landen (vgl. Lerneffekt „Hören und Sehen", siehe Seite 12/13) statt mit vielleicht nur einem Fünftel (für „nur Hören"). Doch damit Ihr Gesprächspartner sich wirklich „ein Bild machen" kann, sind einige Grundregeln der Kommunikation zu beachten:

- Analog statt (ausschließlich) digital: Abstrakte Begriffe oder reine Zahlenwerte sind schwer verständlich für den Hörer, weil für digitale Verarbeitung primär die linke Hirnhälfte zuständig ist, also nur ein Teil des Gehirns aktiviert wird. Die analogen Anteile Ihrer Kommunikation erhöhen Sie, indem Sie die weiter unten skizzierte, auf viele Sinne bezogene Sprache benutzen.
- Konkret statt abstrakt: Bildhaftes wird in aller Regel primär rechtshirnig verarbeitet, was bedeutet, dass mehr Teile des Hörer-Gehirns mit der Verarbeitung beschäftigt werden.
- Vom Bekannten zum Neuen: Trampelpfade der neuronalen Verknüpfung stellen Abkürzungen im Denkprozess dar. Knüpfen Sie also an Bekanntes an, damit Ihrem Zuhörer beim Mitdenken mehr Zeit bleibt, die neu aufzunehmenden Informationen zu verarbeiten.

So wird das Gehirn als Ganzes besser und mit allen seinen Teilen aktiviert, Ihr Anliegen wird leichter verstanden. Im Detail zur Bildsprache siehe Tool 2.

In vielen Situationen ist Ihnen bereits geholfen, wenn Sie sich möglichst konkret ausdrücken. Besser verstanden werden Sie, wenn Sie so formulieren: **Werden Sie konkret**

░ Verwenden Sie aktivierende Verben anstelle von Substantiven. Damit verhindern Sie an die Behördensprache erinnernde Satzungetüme. Statt „nach Abschluss des Vorgangs besteht die Möglichkeit, einen weiteren Antrag zu stellen" formulieren Sie besser verständlich: „Danach ist ein weiterer Antrag möglich."
░ Vermeiden Sie möglichst künstlich gebildete Hauptwörter, wenn sie auch inzwischen gebräuchlich sind: Alle auf „-ung, -heit, -keit" endenden zählen dazu. Ein typisches Beispiel brachte im Januar 2008 der GDL-Vorsitzende Manfred Schell, als er über den Durchbruch bei den Tarifverhandlungen mit der DB Bahn AG berichtete, der GDL-Vorstand habe „… die Beschlussfassung vorgenommen". Wie einfach und viel verständlicher ist alternativ „… beschlossen" oder zumindest auf dem Weg zur einfachen Formulierung „… den Beschluss gefasst"!
░ Kurze Sätze aus kurzen Wörtern sind besser verständlich als Schachtelsätze. „Wenn Sie sich für XYZ interessieren, weil Sie Ihre Vorteile erkannt haben, teilen Sie uns das bitte mit, damit wir Ihnen das weitere Vorgehen aufzeigen können!" Besser formuliert: „Ist XYZ für Sie interessant? Melden Sie sich einfach, alles Weitere folgt!"

Rufen Sie Assoziationen hervor

In diesem Abschnitt möchte ich Sie für spezielle Redeweisen sensibilisieren, mit denen Sie einfacher Assoziationen hervorrufen. Ziel ist es, Ihr Anliegen spontan, intuitiv und daher rasch konkret werden zu lassen. Es geht um Sprachbilder, die es dem Zuhörer ermöglichen, sich „ein Bild zu machen" und ohne mühsames Nachdenken die Hauptaspekte eines Themas zu erfassen. Es geht um Analogien, Allegorien und Metaphern. Die Grenzen sind durchaus fließend. Alle drei Redefiguren unterstützen Sie dabei, Denkvorgänge beim Gesprächspartner anzustoßen und komplizierte oder komplexe **Setzen Sie Redefiguren ein**

Zusammenhänge zu vereinfachen. denn sie rufen Bilder und vertraute Szenerien bei ihm auf. Bildhaftes, gleichnishaftes und analogisierendes Sprechen ermöglicht es, spontane und intuitive Assoziationen in Millisekunden herzustellen. Im Folgenden finden Sie eine kurze Erläuterung und einige Beispiele zu den drei Redeweisen, die gelegentlich in der Literatur auch mit „Parabel" bezeichnet werden, einer Art belehrendem Gleichnis.

Bei einer **Analogie** vergleichen Sie einen Vorgang, eine Situation oder Konstellation mit etwas Ähnlichem. Der Begriff stammt ursprünglich aus dem Griechischen mit der Bedeutung „das richtige Verhältnis". Beispiele dafür sind:

- Das Unternehmen oder das Team ist der Familie analog (strukturelle Ähnlichkeit, zum Beispiel Rollen- oder Machtverteilung)
- Die Kommunikation per Telefon entspricht dem Einander-Zurufen von Büro zu Büro (funktionales Äquivalent)
- Die Rolle des „Clowns" in einem Projektteam verhält sich analog zu dem Clown im Zirkus (funktionelle Vergleichbarkeit)
- Die Eskalation in einem aktuellen Konflikt entspricht derjenigen, die die Abteilung schon vor der Fusion geschüttelt hat (strukturelle Analogie)

Welche Beispiele assoziieren Sie im Rahmen Ihres Tätigkeitsfeldes?

Eine **Allegorie** ist ein Gleichnis, ein Sinnbild. Sie entstammt der Dichtung und bildenden Kunst; häufig wird sie in der Mythologie, in Fabeln und Parabeln verarbeitet. Allegorisch sprechen Sie dann, wenn Sie einen abstrakten Begriff durch ein – meist personifizierendes – Bild darstellen:

- Gerechtigkeit: Frau mit verbundenen Augen und zwei Waagschalen (Justitia)
- Bösartigkeit: Teufelsfigur
- Leichtigkeit, Fröhlichkeit: Sonne
- Schläue: Gevatter Fuchs
- Güte, Wunder: die gute Fee

- ▓ Unheil: Kassandra
- ▓ Gestaltungsmacht, Kontrolle: Gehirn („Chefin als Gehirn des Unternehmens")

Welche Allegorien empfehlen sich für Ihren Alltag?

Der Begriff der **Metapher** entstammt einem griechischen Wortstamm, der „anderswo hintragen" meint. Metaphorisch sprechen Sie, wenn Sie einen Begriff aus einem Kontext A in einen anderen, fremden Kontext B übertragen. Häufig arbeiten Metaphern mit Bildern:

- ▓ Führungskraft als Gärtner, Kapitän, Steuermann, Dirigent
- ▓ Die Kooperation von Führungsperson und Stellvertreter als Tandem
- ▓ Firmenchef als Architekt, Despot, König
- ▓ Unternehmen als Organismus, Orchester, Familie, Segelschiff
- ▓ Teamplayer als Spielmacher oder Spielführer (aus dem Fußball)
- ▓ Das Projekt als Bergtour, Abenteuerreise, Schachspiel
- ▓ Gehirn: Computer, (neuronales) Netzwerk
- ▓ Gedächtnis: Speicherplatte, Thesaurus
- ▓ Komplexität: Fußballspiel

Welche Metaphern eignen sich für Ihre Gesprächsthemen?

Probieren Sie es aus: Sobald Sie eine dieser Redefiguren benutzen, gelingt es Ihrem Gesprächspartner, Ihre Ausführungen rasch(er) zu verstehen und nachzuvollziehen – und an diese anzuschließen! Besonders leicht fällt Ihnen das bildhafte Sprechen vermutlich dann, wenn Sie von Ihrem Zuhörer wissen, womit er sich in der Freizeit oft und gern beschäftigt. Wenn Sie weitere Vorlagen suchen, achten Sie einmal bewusst auf Werbespots im Fernsehen: Dort wird sehr oft mit Assoziationen gespielt.

Hier finden Sie einige beispielhafte Formulierungen aus fiktiven Telefonaten:

Redefiguren in der Praxis

„Ich verstehe, für Sie ist nun abzuwägen zwischen Ersparnis einerseits und der dafür einzusetzenden Investition auf der anderen Seite. Nehmen wir Justitia mit ihren beiden Waagschalen. Lassen Sie uns sehen: Was ist links in der Kontra-Schale, also bei den Kosten … (usw.)"

„Offenbar sind wir an einer kritischen Stelle des Projektablaufs angekommen: Was wäre zu tun, wenn mitten bei einer Bergtour schlechtes Wetter aufzieht? Meinen Sie, eine zusätzliche Auszeit würde helfen? Dann schlage ich vor, wir vertagen uns eine Woche länger als geplant und ich besuche Sie wieder am … – einverstanden?"

„… das ist wie beim Einsäen Ihres Gartens, Herr … – wenn Sie darauf achten, dass die Pflänzchen gut gedüngt und bewässert werden, ist Ihnen eine opulente Ernte sicher! Was also spricht noch dagegen …?"

Setzen Sie Testimonials ein

Statt Ihre Argumente einfach ins Gespräch zu bringen, lassen Sie neutrale Dritte zu Wort kommen. So, wie Sie häufig Zitate in der Werbung lesen oder bekannte Personen das angebotene Produkt promoten. Auf diese Weise ist Ihr Zuhörer eher bereit, das Gesagte auf sich wirken zu lassen. Schließlich hat es mehr Beweiskraft, wenn es zum Beispiel aus einer dieser Quellen stammt:

- von anderen Kunden, Mitbewerbern: „Gerade vorhin sagte mir …"
- aus Pressezitaten, Medienberichten: „Erst letzte Woche stand in der …"
- von Unternehmen anderer Branchen: „Gute Erfahrungen mit … hat …"

TIPP: Machen Sie den Test
Überprüfen Sie bei sich selbst, wie unterschiedlich Ihre Skepsis ist: Kommt das Argument vom Anbieter einer Ware oder Dienstleistung selbst, wird sie deutlich höher sein als wenn Sie einen scheinbar neutralen Medienbericht dazu lesen. Nutzen Sie diese probate Regel, Ihre Telefon-Kommunikation zu vereinfachen!

Begeben Sie sich in die Welt Ihres Gesprächspartners

Orientieren Sie sich beim Anpassen Ihrer telefonischen Präsentation am Gesprächspartner, begeben Sie sich hinsichtlich Themenwahl und Redeweise „in seine Welt".

- *Männer*: Sport, Autos, Technik …; eher offensiv, auffordernd und direkt: „Lassen Sie es uns doch so machen: …"
- *Frauen*: Kunst & Kultur, Mode, Reisen …; eher defensiv, kooperativ und indirekt: „Was würden Sie davon halten, wenn wir …?!"
- *Ältere*: Geschichtliches, Gesundheit …; ausführlicher erklärend, wiederholend, verschiedene konkrete Bilder benennend
- *Jüngere*: Musik, Fernsehen, Stars …; kürzer, prägnanter, ohne Wiederholung.

Passen Sie das Gespräch an

Auch der berufliche Hintergrund hilft, soweit er Ihnen bekannt ist:

- *Technische Berufe*: Bleiben Sie in der „Zahlenwelt"
- *Handwerkliche Berufe*: Wählen Sie Greifbares, kinästhetisch Formuliertes
- *Büroberufe*: Wählen Sie Begriffe, die zu Projektprozessen passen; das hat mit Ein- und Ausgaben von Produkten, Papieren, Telefonaten, E-Mails und Zahlungen zu tun. Greifbar: „… wenn Sie … auf den Tisch kriegen …" oder elektronisch „… sobald Sie … im PC finden …"
- *Außendienst*: Eine Welt für sich, in der man viel unterwegs ist und extravertiert Kontakte sucht und pflegt – bringen Sie zum Beispiel Bewegungs- und generell Aktivitäts-Motive ins Spiel.

Vorsicht ist geboten beim Einsatz von Vergleichen aus Themenbereichen, die auch beim Small Talk als tabu gelten: Politik, Religion, Sex und Verbrechen.

Wo aber finden Sie die passenden Begriffe, wenn Sie zwar wissen, wie Ihr Gesprächspartner „tickt", doch mit seiner Welt wenig zu tun haben? Probieren Sie es beispielsweise mit Synonymen aus einem Wörterbuch für sinn- und sprachverwandte Wörter (zum Beispiel von DUDEN). Zur konkreten Anwendung siehe Tool 2.

Spiegeln Sie Ihren Partner verbal

Damit verstärken Sie das beiderseitige Gefühl, in der gleichen Welt zu sein. Wiederholen Sie, fassen Sie zusammen. Ihre eigene Darstellung genauso wie das Feedback Ihres Gesprächspartners: Über dieses „Re-Briefing" stellen Sie gemeinsames Verstehen sicher, durch das Wiederholen wird Gesagtes besser behalten. Verbal spiegeln Sie zum Beispiel so:

■ Mit paralinguistischen Signalen: „Aha, so, hm …"
■ Durch Wiederholen – in gleichen Worten oder mit den Ihren (Paraphrase).
■ Durch Nachfragen: „Habe ich richtig verstanden, dass …?"
■ Durch Verwenden von Wörtern aus dem Haupt-Sinnesbereich Ihres Gesprächspartners (siehe NLP).
■ Über Ihre Stimme: Gleichen Sie die hörbaren Parameter an die Sprechweise Ihres Partners an, nämlich Lautstärke, Intonation, Geschwindigkeit und Tonhöhe.
■ Über Ihre Sprache: Setzen Sie Dialekt oder Hochsprache gezielt ein.

Natürlich wirkt Spiegeln mithilfe von Körpersignalen (Mimik, Gestik, Bewegung) intensiver. Doch auch mit rein verbalen Möglichkeiten schaffen Sie viel Nähe zu Ihrem Partner beim Ferngespräch!

Fragen Sie & hören Sie zu

Unausgesprochene Hörerfragen beantworten Sie möglichst zum Einstieg des Gesprächs. Damit Sie Ihren fruchtbaren Dialog entwickeln und fortführen können, wechseln Sie präsentierende Aussagen mit Fragen ab:

■ „Der XYZ hat den Vorteil, dass … – und das bedeutet für Sie: …"
■ „Was ist Ihr Eindruck, Herr/Frau …?"
■ „Sie meinen also, … – habe ich Sie richtig verstanden?"
■ „Dann könnte das doch heißen … – oder was meinen Sie?"

Zuhören bedeutet aufnehmen, was die andere Person sagt – und deutlich machen, dass Sie das Gesagte aufgenommen haben. Dies geschieht unter anderem durch verbale und paralinguistische Signale, da Sie am Telefon Körpersprache kaum einsetzen können (sie-he Absatz Spiegeln). Zuhör-Signale sind zum Beispiel:

- „Aha …, ja …, soo …“
- „Hmm …, ooh …, ach?! …“
- Gelegentlich (gezielt) auch mit Emphase: „Wow! Oha! Olala!“

Bilden Sie Strukturen

Argumente: Für den Erfolg Ihrer Kommunikation ist die Wahl der Dramaturgie mitentscheidend. Verfügen Sie zum Beispiel über drei überzeugende Argumente unterschiedlichen Gewichts aus der Sicht des Angesprochenen, gibt es verschiedene Techniken, um einen *Spannungsbogen* entstehen zu lassen:

Schmieden Sie schlagkräftige Argumentations-ketten

- Setzen Sie Argument 1 als stärkstes gleich zu Anfang ein, für ho-he Aufmerksamkeit. Danach kann Argument 3 folgen und zuletzt noch das mittelstarke Argument 2 zum Ausklang. So sichern Sie sich vor dem Ende des Gesprächs nochmals Aufmerksamkeit.
- Argument 2 zu Anfang, danach 3, zum Abschluss 1, quasi als „Gipfel“.

Weniger erfolgreich wäre die Abfolge 1-2-3, weil sie schwach aus-klingt – oder auch 3-2-1 oder 3-1-2, weil Ihnen hier die wichtige Aufmerksamkeit zu Anfang entgeht. Das lässt die nach dem schwa-chen Einstiegsargument folgenden Argumente schwächer ankom-men, als sie sollten – und schon verpuffen sie wirkungslos.

Leitfaden: Entwickeln Sie einen Vorgang linear. Das hilft vor allem Ihnen selbst, Ihre Ziele zu erreichen, indem Sie

Kein Gespräch ohne roten Faden

- in einer Art Checkliste alles Schritt für Schritt notiert haben, was aus Ihrer Sicht in diesem Gespräch geklärt werden sollte,
- sich wie entlang eines roten Fadens in einer für beide Ge-sprächspartner logischen Struktur bewegen,
- somit an alles denken, auch wenn Sie situativ die Schnellstraße verlassen, um Ihrem Gesprächspartner bewusst auf einer Neben-strecke zu folgen – und ihn dann wieder zum Kernthema zu-rückzuführen.

Eine mögliche Struktur dafür bietet **AIDA** – der klassische Leitfaden für Verkaufsgespräche und Verhandlungen. Diese Abkürzung steht für

A – Attention (Aufmerksamkeit gewinnen)

I – Interest (Interesse klären)

D – Desire (Drang aufbauen)

A – Action (zur Aktion auffordern).

Eine moderne Interpretation dieser klassischen Struktur finden Sie bei Tool 12 (Cross-Selling).

TIPP: Entwickeln Sie Ihre persönliche Gesprächsstruktur

Diese kann ein Akronym sein, das Ihren eigenen Vor- oder Nachnamen bildet oder den Namen Ihres Unternehmens. Bei wichtigen Gesprächspartnern bilden Sie die Struktur eventuell sogar aus seinem Namen oder dem seines Unternehmens. Oder Sie wählen Ihr Ziel: TERMIN, KAUF, KONTAKT. Bauen Sie daraus einen Leitfaden nach dem System DIALOG (siehe Tools 7, 10).

Leiten Sie nachvollziehbar her

Lern- und Verständnisvorgänge werden in aller Regel deutlich erleichtert, wenn Sie diese drei Vorgehensweisen anwenden.

Erläutern Sie

1. *vom Einfachen zum Schwierigen*: „Schauen Sie, beim Druckvorgang haben Sie mindestens zwei entscheidende Elemente: das zu bedruckende Papier – und die Druckfarbe, die aufs Papier zu bringen ist. Da tut sich preislich wenig, weil je nach gewünschter Qualität und Auflagenhöhe das Druckverfahren mit dem optimalen Preis-Leistungs-Verhältnis zu wählen ist. Der Knackpunkt liegt in der Weiterverarbeitung, wenn Sie Lackierung wünschen oder aber eine besondere Art der Bindung …"

2. *vom Bekannten zum Neuen*: „Sie kennen den Katalysator als wesentlichen Bestandteil des Autos, der vielerlei Schadstoffe herausfiltert. Nun kommt zu den bisherigen Aspekten der Ausstoß von CO_2 dazu …"

3. *vom Allgemeinen zum Besonderen*: „Finanzberater unterscheiden drei Anleger-Typen: 1. sicherheitsorientierte, 2. renditeorientierte, 3. auf rasche Verfügbarkeit des eingesetzten Kapitals orientierte. Mit einer Kapital-Lebensversicherung stehen Sie primär auf der sicheren Seite."

Natürlich gibt es auch hier Ausnahmen: Überraschendes (= Neues) zum Beispiel sichert Ihnen stärkere Aufmerksamkeit, wenn Sie es an erster Stelle nennen. Ein spezielles Beispiel aus der Welt des Zuhörers verdeutlicht ihm eine Fragestellung vielleicht rascher, als wenn Sie das Thema verallgemeinert und somit in einer abstrahierten Form einführen. Wenn Sie allerdings bewusst gegen alle diese drei Prinzipien verstoßen, sollten Sie eine Erläuterung nachschieben, mit der Sie Ihren Zuhörer auf ein sicheres Terrain von Lernverstärkern führen …

Erweitern Sie die Sinnen-Welt

Natürlich stützt der Präsentator gerade am Telefon seine verbale Darstellung möglichst mehr-sinnig, indem er

- Visuelle Unterlagen per Post schickt, faxt oder mailt.
- Bezug nimmt auf bereits Vorhandenes (an die Messe erinnert usw.).
- Parallel das Betrachten oder sogar Arbeiten im Web oder offline ermöglicht.

Hilfreiche Systeme für den Kontakt per Internet sind zum Beispiel:

Nutzen Sie moderne Technik für eine mehrsinnige Kommunikation

- *MetaChartPlus* und andere Web-Conferencing-Software. Dabei greifen Sie und Ihr(e) Gesprächspartner via Internet auf die gleichen Unterlagen zu, die auf einem Server geladen sind.
- *Netviewer* und vergleichbare Systeme für Web-Co-Browsing, Web-Sharing usw. Hier zeigen Sie Ihrem Gesprächspartner Vorgehensweisen auf einer Website oder in einer Software, übertragen via Internet.
- *VoIP* (Voice over Internet Protocol) und ggf. Webcam, etwa mit Skype. Sie telefonieren in aller Regel kostengünstiger via Internet, was allerdings meist voraussetzt, dass Ihr(e) Gesprächspartner mit demselben Provider arbeiten.

Ausdrücklich sei betont, dass diese Unterlagen und Tools eine große Hilfe sein können. Letztlich ist es aber die verbale Kommunikation übers Telefon (egal, ob Festnetz, mobil oder via Internet), die primär zu Erfolg oder Misserfolg der Verhandlung führt.

Üben Sie variantenreich zu präsentieren

Erschweren Sie die Lernsituation in einem Präsentationsseminar bewusst, um durch Aha-Erlebnisse intensiven und lang anhaltenden Lernerfolg zu vermitteln.

Variante 1 – Seminarinhalt vorher abgesprochen (nur für Erfahrene)
Hier wissen die Teilnehmer bereits im Vorfeld aufgrund der Ankündigung bzw. Vereinbarung: Aha, präsentiert wird übers Telefon. Sie haben die Chance, sich entsprechend vorzubereiten und zu überlegen: Wie stelle ich nur mit Sprache vor, was ich sonst technikgestützt zeige? Diese Variante kommt vor allem für Fortgeschrittene infrage.

Variante 2 – Überraschung! (Aha-Erlebnis)
Die Teilnehmer einer Fortbildungsrunde erwarten ein „übliches" Seminar mit den oben aufgeführten Inhalten. Entsprechend bereiten sie ihre Präsentation vor bzw. bringen eine im Alltag eingesetzte mit. Im Briefing für die konkrete Präsentation heißt es dann aber: Statt zu zeigen, präsentieren Sie verbal – wie am Telefon. Diese Variante kommt etwa für Außendienst-Aktive infrage, die zwar im Regelfall persönlich präsentieren, dies jedoch nach vorheriger telefonischer Terminvereinbarung. Eine Telefon-Präsentation kann (etwa für Media-Berater) dann eine interessante ergänzende Alternative sein, wenn bei einem potenziellen Kunden ein Termin nur schwer zu vereinbaren ist. Ein unsicherer Kandidat würde erheblichen Reiseaufwand erfordern, der vielleicht nicht im Verhältnis zum möglichen Erfolg steht.

Variante 3 – Seminar für Telefon-Verkäufer (gezieltes Angebot)
Hier ist die Situation klar: Wer am Telefon verkauft, präsentiert bereits jetzt im Alltag ausschließlich verbal. Hier geht es konkret darum, sich zunächst die besonderen Herausforderungen vor Augen zu führen, eventuell mit Einsatz des Kommunikationsspiels. Danach folgt eine Präsentation „wie üblich": Telefonieren, analysieren, Konsequenzen diskutieren, erneute Präsentation per Telefon ….

Variante 4 – „Für Fortgeschrittene" (stufenweise Herausforderung)
Wenn ein mehrtägiges Seminar mit mehrfacher Präsentationsmöglichkeit geplant ist, dann gibt es die Abfolge:

- Zunächst „normale" Präsentation mit Aufzeichnung/Analyse,
- danach eventuell weitere „normale Präsentation" und erneut Analyse,
- dann dritte (oder zweite) Präsentation per Telefon mit Analyse.

TIPP: Setzten Sie das Gelernte auch in „normalen" Präsentationen ein
Als Nebeneffekt werden Sie auch „Face-to-face"-Präsentationen künftig deutlich bewusster und somit anders ablaufen lassen, nämlich empfängerorientiert, interaktiv und weniger abgespult. Was werden Sie alles in Ihre „normalen" Präsentationen neu einbauen?

Nun gilt es, besonders herausfordernde Facetten telefonischer Präsentationen detaillierter zu beleuchten: Wie schaffen Sie es, Zahlen so zu konkretisieren, dass Ihr Gesprächspartner sie rasch(er) versteht und Ihnen im Telefonat gut folgen kann? Lesen Sie Tool 1. Tool 2 verrät Ihnen, wie Sie die am Telefon ausschließlich verbale Kommunikation bildhafter und greifbarer gestalten. Schließlich folgt das umfassende Thema, Ihre Leistung per Telefon so schmackhaft zu präsentieren, dass Ihr Gesprächspartner Ihnen einen persönlichen Termin einräumt, zum Beispiel bei einem Messebesuch, in Tool 3.

Tool 1: Abstrakte Zahlen am Telefon konkret werden lassen

Gerade Zahlenwerte sind höchst abstrakt und zunächst für die digitale Verarbeitung gedacht, also klassisch der linken Gehirnhälfte zugeordnet. Da diese beim reinen Hören am Telefon sowieso primär beschäftigt ist, sollten Sie beim Nennen von Zahlen immer einen Weg finden, auch Analoges zu liefern, um damit die rechte Gehirnhälfte zu aktivieren. Wenn das Gehirn Ihres Gesprächspartners als Ganzes mitdenken darf, erleichtert das die Denkabläufe erheblich. Weniger Bits (Informationseinheiten) werden gebraucht, das Verstehen geht schneller. Im Folgenden finden Sie als Einstieg einige Beispiele, wie Sie Ihre abstrakten Zahlen am Telefon konkreter werden lassen. Danach folgt eine Übersicht und die Möglichkeit, für Ihre eigenen Zwecke einen Katalog zu erstellen, auf den Sie zurückgreifen können. Anschließend erhalten Sie Vorschläge für Ihr konkretes Vorgehen in „Zahlenspielen".

Persönlichen Bezug schaffen

Größe / Maße / Dimensionen: Zahlen greifbar machen

Fachleute im Gespräch untereinander spielen sich den Ball mühelos zu, selbst mit noch so komplizierten Zahlenwerten. Auf diese Weise wird Kompetenz bewiesen, wie übrigens auch mithilfe von Fachbegriffen, die für Laien dann nur „Bahnhof" bedeuten. Wer im Telefonat mit Endkunden oder auch mit entscheidenden Nichtfachleuten so umgeht, riskiert, mit seinem Anliegen zu scheitern – oder zumindest mehr Gespräche zu benötigen als eigentlich erforderlich. Eigentlich – wenn nämlich Zahlen sofort verdeutlicht werden. Dabei hilft es, die Denkwelten des Gesprächspartners einzubeziehen. Was aber tun, wenn Sie Ihren Zuhörer zum ersten Mal sprechen oder schlicht noch wenig Gelegenheit hatten, in früheren Kontakten über rein Fachliches hinaus mehr über ihn zu erfahren? In solchen Fällen versuchen Sie es damit, Sprachbilder mit höherer Trefferchance aus den bekannten Gebieten einzusetzen.

Setzen Sie nun Ihre Zielgruppen in die Tabelle ein und suchen Sie nach passenden Begriffen, die Sie ebenfalls eintragen (die Tabelle finden Sie auch als Download auf der Verlagswebsite www.gabal-verlag.de unter „Effektiv telefonieren").

	Grundbegriff	Sprachbild für Geschlecht	Sprachbild für Altersklasse	Sprachbild für Berufsgruppe
Beispiel	Eine Fläche von 30 mal 80 Metern	Männer: … etwa so groß wie ein Fußballfeld	Ältere: … entspricht ungefähr der Größe einer Kathedrale …	Büroberufe: … etwa die Maße eines gängigen Großraumbüros …
	Zahlenwerte, mit denen Sie häufig zu tun haben:	Zielgruppe:	Zielgruppe:	Zielgruppe:
Ihre Beispiele	So und so lang / groß / hoch …			
	Rechnen Sie mit xxx. tausend …			
	Bei einer Geschwindigkeit von … ein Verbrauch von …			

Ihre Beispiele				

Mengen / Geld: Zahlen „optisch" verkleinern oder vergrößern

Umrechnen, um zu verdeutlichen

Je nachdem, welches Ziel Sie mit Ihrer Aussage verfolgen, kann es sinnvoll sein, einen bestimmten Betrag durch Zerteilen zu verkleinern oder durch Multiplizieren zu vergrößern. Nehmen wir als Beispiel einen Monatsbetrag von 29,95 Euro für eine Notfallversicherung: Hier bietet es sich an, dem zögernden Gesprächspartner deutlich zu machen, dass das „… gerade mal knapp ein Euro pro Tag …" ist. Wer dagegen 29,95 Euro Zinsen pro Monat erhält, wenn er einen bestimmten Betrag X für einen Zeitraum Y fest anlegt, für den klingt es deutlich lukrativer, „… aufs Jahr gerechnet rund 360 Euro …" zu erhalten – oder gar „… mehr als 1.000 Euro auf 3 Jahre …". Sie kennen Beispiele dafür auch aus der Politik: Erinnern Sie die Diskussion rund um deutlich erhöhte Steuereinnahmen 2007 und Folgejahre? Da wurde schon mal hochgerechnet, wie viele zig Milliarden mehr das bis 2012 (!!) in Summe ausmachen werde. Als Begründung dafür, dass Steuererleichterungen angebracht wären – konterkariert von der Gegenrechnung, dass mehr als eine Billion Euro Staatsverschuldung jährlich allein 40 Milliarden Euro Zinszahlungen erforderten.

Was fällt Ihnen ein, wie und wann Beträge sinnvoll zu verkleinern oder sinnvoll zu vergrößern sind? Bleiben Sie dabei aber unbedingt „auf dem Teppich"! Es geht darum, verengte Blickwinkel zu erweitern und nicht etwa darum, Luftschlösser zu bauen.

Zahlen verändern

Zahlenwert	Verkleinert	Vergrößert
Monatsbeitrag / Auszahlung 29,95 €	… gerade mal knapp 1 € pro Tag …	… aufs Jahr gerechnet rund 360 €, über 1.000 auf 3 Jahre!
50 € Versandkosten bis zum Auftragswert von X €	… entspricht im Durchschnitt gerade mal 1% …	sparen Sie volle 50 €, wenn Sie nur … bestellen!
…	…	…

Ein weiteres treffendes Beispiel für plakative Vergleiche lieferte der Bischof von Sachsen zu Weihnachten 2007 (sinngemäßes Zitat aus seiner Predigt an Heiligabend): „Wenn die einen zweistellige Millionenbeträge im Jahr verdienen, die anderen dagegen mit 5 Euro in der Stunde auskommen müssen, dann macht das deutlich, wie weit Reich und Arm auseinanderklaffen …" Womit er einerseits die Diskussion um inzwischen leistungsunabhängige Managergehälter aufgriff, zum anderen jene um Mindestlöhne.

Zeiten: Daten präzisieren und so konkretisieren

Ihr Ziel ist es, beim Vereinbaren von Terminen Missverständnisse zu vermeiden? Dann verbinden Sie das konkrete Datum mit dem Zeitraum bis dahin, zum Beispiel:
„Schön, ich komme zu Ihnen am 21. November – das ist morgen in 14 Tagen. Diesen Termin habe ich mir bereits eingetragen!"
Wenn Sie nun auch noch den Wochentag erwähnen, ziehen Sie ein weiteres Sicherungsseil ein: „… das ist dann ein Mittwoch …".

Geht es darum, einen Zeitraum zu verdeutlichen, wiederholen Sie mit anderen Worten das Gesagte, etwa so:
„Das gilt dann für einen Zeitraum von 60 Tagen – das sind 2 Monate. Jetzt haben wir gleich Ende Januar – das bedeutet, Februar und März liegt der Betrag fest, Sie können ab Anfang April wieder darüber verfügen. Ist das so in Ihrem Sinne?"

Zahlen-Analogien: Vergleiche und Rundung
So werden abstrakte Zahlen konkret

Wenn Mengen detailliert benannt werden, führt das bei vielen Zuhörern zu Denkblockaden: Eine gehörte Zahl ist ein abstraktes Wort und wird „linkshirnig" verarbeitet. Es fehlt die Verbindung zum konkret denkenden „Rechtshirn", die Verarbeitung dauert länger als nötig. Wie schaffen Sie es, solche Zahlenwerte fassbarer zu machen? Am einfachsten durch Runden und neu Formulieren, zum Beispiel so:
„… erreichen Sie 18,5 Prozent Ersparnis! Sie sparen also fast ein Fünftel …"
„… sind 37,8 % der Meinung, dass … Das bedeutet, annähernd 4 von 10 Personen …"

Hier finden Sie weitere beispielhafte Formulierungen, die Sie für Ihre Zwecke anpassen können:

Zahlen greifbar präsentieren – rein verbal: Beispiele

Kategorie	Ausprägung	Konkret verbalisiert
Größen	Maße, Längen	… über 41.000 km – also ungefähr einmal die Erde umrundet …
	Vorgehen: Assoziieren	… aufeinandergelegt, entspräche das einer Höhe von …m, über den Eiffelturm hinaus …
		… produziert … Watt und könnte damit den Bedarf einer mittleren Stadt wie … für ein Jahr sichern …
		… etwa das Bruttosozialprodukt von Deutschland
Mengen	Auflage, Umsatz, Geldbeträge, Prozentanteile	… 76 %, also gut ¾ …
		… sagen 34 % – also einer von drei Befragten …
		… mehr als 200.000 € – exakt sind es 207.000 …
	Vorgehen: Runden	… rund 17.000 weniger Arbeitslose als noch im Vormonat …
Dimensionen	Größen und Mengen vor Augen führen	… gerade mal so groß wie ein Handy
		… da passt ein Fußballfeld etwa viermal rein
		… ein etwa apfelgroßes Loch *
	Vorgehen: Visualisieren	… benötigen wir etwa 200 Manntage
Generell	Verbal gespannt machen, auf Seh-Kanal fokussieren	Das entspricht also …
		Das bedeutet für Sie …
		Damit erreichen Sie …
	Vorgehen: Überleiten	Stellen Sie sich vor …
		Immer mal angenommen …

* zitiert nach einer TV-Sprecherin im Zusammenhang mit den Schäden am Space-shuttle Endeavour im August 2007, nachdem vorher eine Beschädigung im Hitze-schild „… von 7 cm Länge" gemeldet worden war.

TIPP: Lernen Sie aus den Medien
Fernsehen kann eine sprudelnde Quelle von Anregungen sein, seien es Nachrichten, Dokumentationen, Spielfilme oder auch Shows …

Lassen Sie sich inspirieren und finden Sie eigene Formulierungen für Ihre Bedürfnisse:

Zahlen greifbar präsentieren – rein verbal: Ihr eigener Katalog

Kategorie	Ausprägung	Konkret verbalisiert
Größen	Maße, Längen	
	Vorgehen: Assoziieren	
Mengen	Auflage, Umsatz, Geldbeträge, Prozentanteile Vorgehen: Runden	
Dimensionen	Größen und Mengen vor Augen führen	
	Vorgehen: Visualisieren	
Generell	Verbal gespannt machen, auf Seh-Kanal fokussieren	
	Vorgehen: Überleiten	

Ein elektronisches Blanko-Formular finden Sie als Download auf der Verlagswebsite www.gabal-verlag.de unter „Effektiv telefonieren".

Führen / Mitnehmen

Wenn Sie Ihren Zuhörer auffordern, Ihnen in einem bestimmten Vorgehen zu folgen statt dieses einfach vorauszusetzen, kommen Sie beide zusammen besser voran. Mögliche Formulierungen sind:
„Immer mal angenommen, Herr/Frau …, Sie wären …"
„… und das bedeutet für Sie: …"
„Lassen Sie uns nun gemeinsam errechnen, wie …"

In der Literatur findet sich dafür der Begriff „Hypothese-Technik", auch der Hinweis auf Zielorientierung wird verwendet: Wer sich vorstellt, bereits am Ziel angelangt zu sein, kann sich besser ausmalen, welche Vorteile das für ihn haben kann. Auf diese Weise sind Zuhörer meist aufmerksamer und verstehen Zahlenwerte besser.

Aufzählen

Das menschliche Gehirn kann sieben Bits in einer Abfolge gut verarbeiten. Je konkreter Sie präsentieren, desto weniger Bits verbraucht Ihr Gesprächspartner, um Sie zu verstehen ohne zwischendurch hängen zu bleiben und so das Nachfolgende schlicht zu überhören. Ein Beispiel dafür:

Das Gehirn verarbeitet „Bit für Bit" leichter

„Um Sie an das Hochgeschwindigkeitsnetz anzuschließen, müssen wir mehr als 7,5 km Kabel verlegen: Von A rüber nach B, dann quer nach C, weil der Fluss dazwischenliegt – und von dort schließlich nach D …" verbraucht mindestens vier Bits, weil abstrakte Zahlen mehr Kapazität benötigen. Die genaue Abfolge der Grabungen ist zwar konkret benannt, muss jedoch in Gedanken mit verfolgt werden. Das Bild „… entspricht in etwa der Höhe des Mount Everest" benötigt dagegen gerade mal ein Bit, weil die meisten Menschen in Mitteleuropa sich sofort „ein Bild machen" können, selbst wenn sie den Mount Everest noch nie im Leben zu Gesicht bekommen oder ihn gar bestiegen haben. Das Aufzählen nach und nach benötigt zwar jeweils ebenfalls ein Bit (insgesamt also drei Bits), ist aber als „Bit für Bit" gut nachvollziehbar. Beispiele:

„Dazu gehören drei entscheidende Aspekte:
1. xxx
2. yyy
3. zzz.
Im Detail heißt das:
1. …
2. …
3. …
Wenn Sie alle drei …, dann ….Welcher dieser drei Punkte ist denn aus Ihrer Sicht der entscheidende?"
Oder:
„Dafür gibt es mindestens drei Gründe … Da ist einmal … Dann kommt zweitens … Und schließlich ist auch noch … zu nennen. Sie haben also mindestens drei Vorteile, wenn Sie sich für … entscheiden: 1. …, 2. …, 3. …"

Weil Sie die drei Punkte wiederholen, wird das Gesagte besser verstanden.

Vergleichen

Bieten Sie eine konkrete Visualisierung des von Ihnen beschriebenen Produktes – oder einen Vergleich, der es sofort greifbar macht: „… 1 mal 5 mal 10,2 Zentimeter – das entspricht in etwa der Größe einer Zigarettenschachtel" oder „… gerade mal so groß wie ein Handy" oder „…passt gut in Ihre Hand" oder „…kriegen Sie gut in Ihrer Business-Mappe unter" usw.
„… da haben ca. vier Fußballfelder Platz" – „… damit könnten Sie vier Elefanten transportieren!"

Vermeiden Sie Vergleiche, die negativ ankommen könnten, etwa: „… so groß wie die Titanic" „entspricht der Größe eines herkömmlichen Sarges" „so viele Menschen, wie als Folge der Atombombe auf Hiroshima gestorben sind". Wobei hier wie so häufig gilt: Ausnahmen bestätigen die Regel! Je nach Thema und „Welt" Ihres Gesprächspartners wählen Sie natürlich immer passende Vergleiche. Auch solche, die auf den ersten Blick negative Gefühle erzeugen könnten. Plattes Beispiel: In der Gerichtsmedizin wäre „… entspricht der Menge Blut, die ein durchschnittlicher Erwachsener in sich hat" als Bild durchaus in Ordnung.

Ins Verhältnis setzen

Gerade in Verkaufsverhandlungen kommen Sie mit Ihrem Angebot besser an, wenn Sie gelegentlich
- den Aufwand / die Investition verkleinern, also relativieren,
- den entstehenden Vorteil (Umsatz, Ausstoß, Ersparnis …) vergrößern, also ausweiten.

Schon fast klassisch sind diese Beispiele:
- „… das sind dann gerade mal 70 Cent am Tag …"
- „… das entspricht einer Ersparnis von rund 80.000 Euro innerhalb von 5 Jahren …"
- „… da kriegen Sie quasi das vierte Exemplar gratis dazu …"
- „… das heißt, mit weniger als einem Euro am Tag sichern Sie sich für den Fall des Falles Sofortzahlungen in Höhe eines Mittelklassewagens."

Wie Sie sehen, ist das Kombinieren verschiedener Vorgehensweisen durchaus möglich, ohne übertrieben zu wirken.

Mitzählen

Helfen Sie Ihrem Zuhörer beim Ausrechnen, indem Sie Schritt für Schritt den Rechenvorgang mit ihm durchgehen, zum Beispiel so: „Da haben wir einmal die 45 Euro für …, dazu kommen weitere 23 für …, zusammen also 68 Euro. Das Ganze mal zwei, weil Sie ja zwei Einheiten benötigen – schon kommen wir auf 136 Euro, richtig? Nun, in der jetzigen Aktion brauchen Sie nur 98 Euro, mehr als ein Viertel gespart! Wie klingt das für Sie, Herr ….?!" (Ob Sie 2 mal 68 Euro nochmals verfeinern, bleibt Ihnen überlassen, etwa so: „2 mal 70 Euro wären 140 – die 2 mal 2 runter, also 136 Euro, richtig?")

Rechnen Sie gemeinsam

Dieses recht verkäuferische Beispiel lässt sich auf jede beliebige Rechnung übertragen. So erreichen Sie, dass Ihr Gesprächspartner am Telefon mitrechnen kann und Ihr Angebot glaubhafter wirkt. Häufig übliche Kurzdarstellungen wie „… jetzt nur 98 Euro statt sonst 136!" können Aufmerksamkeit heischen, brauchen jedoch Beweis und Begründung.

TIPP: Sehen Sie sich im Alltag um

In der Praxis finden Sie diese Vorgehensweise übrigens sogar dort, wo die Präsentation visuell unterstützt wird: In den Verkaufssendungen vieler Fernsehsender (HOT, HSE 24 usw.) oder auf Märkten und in Fußgängerzonen, in denen sogenannte Propagandisten die Vorzüge ihrer Haushaltswaren greifbar demonstrieren – und dabei lautstark Schritt für Schritt vorrechnen, was nur an jenem Tag gespart wird.

Zahlenfolgen vermitteln

Konkret können Sie folgende *Hilfsmittel* einsetzen, wenn Sie im Telefonat viele Zahlen an den Mann zu bringen haben:

- diktieren und vom Gesprächspartner wiederholen lassen
- selbst notieren und umschreiben
- betonen/variieren statt monoton abzulesen
- Zahlengruppen bilden: aus der Telefonnummer 966347 wird „neun-sechsundsechzig – drei-siebenundvierzig", das wird besser verstanden und behalten als Ziffer für Ziffer
- Zahlenfolgen variierend wiederholen; die oben genannte Telefonnummer zum Beispiel so: „neunhundertsechsundsechzig – dreihundertsiebenundvierzig"

▨ Ziffern übersetzen: zwo statt zwei (um gegenüber „drei" deutlich zu differenzieren), fünnef statt fünf (gegenüber fünfzehn)

Fazit: Wer viel mit Zahlen operiert und diese zu präsentieren hat, tut sich am Telefon künftig auch ohne visuelle Unterstützung leichter. Situativ eingesetzt, entwickelt der Fächer „Tools zum Zahlen-Präsentieren" eine schier unerschöpfliche Vielfalt an Varianten. So können Sie anwenden, was zu Ihrem Typ passt – und was jeweils in der Gedankenwelt Ihrer Gesprächspartner gut ankommt.

Tool 2: „Be-greifbar machen": Vom Bild zur Haptik – 3D am Telefon

Bieten Sie Greifbares

Die meisten von uns sind es gewohnt, mit wenig Greifbarem in der Kommunikation zurechtzukommen. Dadurch wird allerdings auf eine gute Chance verzichtet, den „K-Sinn" zu nutzen (siehe NLP). Ich erlebe immer wieder, dass zum Beispiel Media-Berater (= Anzeigenverkäufer) aufwändige PowerPoint-Präsentationen bei Agenturen oder Markenartikel-Firmen zeigen – und nicht einmal eine einzige aktuelle Ausgabe ihres Magazins dabeihaben, obwohl sie nach wie vor gedruckte Anzeigen verkaufen wollen. Was bei solchen Präsentationen im „real life" gerne vergessen wird, kann uns das beim Telefonieren denn überhaupt fehlen? Ja, denn es hat seinen Grund, wenn gewiefte Kommunikatoren in Verkaufs- oder Projektmeetings und Budgetverhandlungen mit dreidimensionalen Darstellungen auftrumpfen.

Sie haben beispielsweise
▨ Hausmodelle im Einsatz bei Bauspar-Anbietern – mit der Möglichkeit, das Dach abzunehmen und Spielmöbel in den Räumen zu platzieren.
▨ Maskottchen und ähnliche Give-aways mitgebracht, die nach dem Gespräch zur greifbaren Erinnerung beim Gesprächspartner gelassen werden.
▨ den Verkäufer-Kugelschreiber zum Vertrag gelegt, womit das Ausfüllen und Unterschreiben sehr einfach gemacht wird – und der Käufer etwas zum Festhalten erhält.

▓ Spenden-Mailings mit 3D-Gegenständen verschickt, weil solche Kuverts zum Öffnen anregen: Was ist da drin, was von außen ertastet werden kann? Beispiele sind Tücher, Adress-Etiketten, Kalender oder sogar Rosenkränze.

3D-Gegenstände landen nicht im Papierstapel

Verlassen Sie sich also nicht auf das gesprochene Wort allein, sondern unterstützen Sie Ihre Telefonkontakte durch begleitende Maßnahmen. Sie können beispielsweise umfangreiche Unterlagen in, während oder nach der Präsentation an die Teilnehmer ausgeben. Oder der altbekannte Notizblock (mit Firmenlogo und meist mit Stift) liegt aus bzw. wird beim Gespräch übergeben.

Dies bietet sich vor allem bei Verkaufskontakten, doch im Grunde bei vielen oder gar allen Gelegenheiten an, etwa:

▓ Im Service: Dankeschön-Schreiben (für Geduld, Tipps und Anregungen) mit Beilage
▓ Welcome-Letter an Mitarbeiter / Kunden
▓ Abschiedsschreiben eines ausscheidenden (Ieitenden) Mitarbeiters
▓ Informationen über Messebeteiligung (siehe Tool 3), neue Verantwortliche im Unternehmen, Umzug usw. – all das, was Sie zum Beispiel auch der Presse/den Medien mitteilen

Solche Aktionen unternehmen Sie immer nach oder auch vor einem Telefonat, wohl gemerkt! Der angenehme Nebeneffekt beim Einsatz von 3D-Gegenständen ist eine erhebliche PR-Wirkung, denn diese verschwinden weniger leicht in Schubladen oder unter Papierstapeln, wie es sogar eher dicke Kataloge tun.

Und womit arbeiten Sie oder Ihre Mitarbeiter bereits? Womit könnten Sie künftig Ihre Präsentationen in Meetings, bei Kunden oder in Vorträgen unterstützen, um auf diese Weise deutlich empfängerorientiert zu arbeiten? Machen Sie sich ein paar Gedanken – und am besten gleich Notizen hier in der Tabelle, auf einer Kopie oder im Internet-Formular (www.gabal-verlag.de unter „Effektiv telefonieren"):

Dreidimensional dem Gesprächspartner näher kommen:

Thema	Modell	Give-away	Schreiber	Muster	Unterlagen
Bausparen	Haus variabel	Schlüssel-Anhänger	Stift zum Vertrag	Broschüre	Vertrag
Lebensmittel	0,1-l-Fläsch-chen Wein	Kühlbox	Folienstift wasserfest	Testpackung	Katalog
Unternehmen jeder Art	Produkt in klein	Logo als 3-D-Nudel	Logo auf Stift	Buch zur Unternehmens-geschichte *	Geschäfts-bericht
Möbel					
Autos					
Computer-Notdienst					
Reinigungs-Service					
Reise-Veranstalter					
Mobiler Pflegedienst					
…					
…					

* oder ein anderes Buch, das sich durch Format und/oder Dicke deutlich von „normalen" Unterlagen unterscheidet, etwa einer Broschüre. Berater arbeiten gerne mit eigenen, selbst verfassten Büchern. Andere sichern sich Teilauflagen relevanter Themen mit eigenem Firmenlogo – dafür sind zum Beispiel die 30-Minuten-Bücher aus dem GABAL Verlag bestens geeignet, siehe www.gabal-verlag.de/30minuten. Lebensmittelanbieter setzen Rezept- oder Kochbücher ein. RITTER Sport hat einen eigenen Jubiläumsband über Schokolade herausgegeben (mit Firmengeschichte, Schokolade-Rezepten usw.). Ähnlich haptisch sind moderne Datenträger wie DVDs in einer optisch gut aufgemachten Geschenkbox. Der Fantasie sind Grenzen nur durch die Höhe der möglichen Investition gesetzt.

Der nächste Schritt ist zu überlegen, wie Sie diese dreidimensionalen Gegenstände im Falle telefonischer Präsentation nutzen könnten. In der Praxis kommen unter anderem die hier aufgeführten Varianten vor, von denen Ihnen die eine oder andere wahrscheinlich schon begegnet sein dürfte:

- Unterlagen vor dem Telefonat schicken, ggf. zwischen Telefonat 1 und Telefonat 2 (siehe C-M-C „Call-Mail-Call").
- Vorab ankündigen, dass der Gegenstand per Post geschickt wird (C-M-C).
- Sie fordern den Gesprächspartner auf, mithilfe eines Papierbogens eine Figur zu falten – damit wird der andere sogar selbst aktiv.
- Sie lassen sich beschreiben, was der Gesprächspartner auf dem Schreibtisch stehen hat, um einen der Gegenstände als Vergleichsmuster ins Gespräch zu bringen: „Aah, wenn Sie jetzt bitte den Briefbeschwerer zur Hand nehmen – in etwa dieses Gewicht hat unser XYZ …"

Mit den folgenden Eigenschaften können dreidimensionale Gegenstände genau beschrieben werden:

- *Format* – zunächst zweidimensional, also Breite mal Höhe (Maßangabe Quadratmeter. Auch DIN-Formate wie DIN A4 = Größe eines Schreibmaschinenblattes); Angaben zu Büroräumen, Lagerflächen oder zu Textumfängen
- *Volumen* – also Breite mal Höhe mal Tiefe (Maßangabe Kubikmeter für Raumgrößen – allerdings auch Hektoliter); Angaben zu Lagerräumen, Transportpaletten oder Containern
- *Gewicht* – damit wird etwas so richtig „greifbar" (Maßangabe Kilogramm, Zentner, Tonne); Angaben zu Baumaterial, Transportgütern oder Belastbarkeit
- *Temperatur* – Wärme oder Kälte zu fühlen, kann konkret wichtig sein in Zusammenhang mit Maschinen oder auch Reisen.

Maschinen, Möbel, Lebensmittel und andere Gegenstände dreidimensional zu beschreiben oder zu bemustern, ist nicht schwer. Schwieriger ist es, Dienstleistungen in Haptik zu übersetzen. Einige der bereits erwähnten Übersetzungen in Greifbares sind für Dienst-

Auch Dienstleistungen lassen sich dreidimensional transportieren

leistungen jeder Art einsetzbar, sei es (Unternehmens-)Beratung, Reinigung, Sicherheitsdienst, technische Wartung, Training jeglicher Art oder Verkaufsservice. So zum Beispiel Unterlagen aller Art, die über ein simples DIN-A4-Blatt hinausgehen und somit räumlich wirken, etwa Broschüren, Kataloge oder Angebotsmappen. Ebenso nahe liegend sind Give-aways wie diese Beispiele, gesammelt auf Messen, von Seminarteilnehmern bzw. von mir selbst entwickelt und eingesetzt:

- *Feuerzeuge und Zündholz-Briefchen* (mit Firmenlogo) für „zündende Ideen", beispielsweise bei Werbeagenturen.
- *Tennisballgroße Textilwürfel mit Stichwörtern* zu „Sicherheit" auf den sechs Seiten – davon ist eines der Wachdienstanbieter.
- *Schokoladenmünzen* – ideal zum Versinnbildlichen finanzieller Aspekte: sehr haptisch, wenn die äußere Schutzfolie mit einer fühlbaren Prägung versehen ist. Auch als Spielgeld verwendbar, zum Stapeln oder Verteilen und in Verkaufsgesprächen auf privater Ebene sind damit Kinder gut einzubeziehen. Ganz allgemein mögen die meisten Teilnehmer einer Gesprächsrunde gerne etwas Süßes, das sie selbst auspacken dürfen.
- *Echte Münzen* werden hauptsächlich von Sammlerdiensten eingesetzt. Doch auch 1-Cent-Stücke vermitteln Greifbares durchs Kuvert hindurch, das deshalb wahrscheinlich auch dann geöffnet wird, wenn Sie auf den Ankündigungsanruf verzichtet haben.
- *Plastikmodelle von Lastwagen*, ideal einsetzbar vom Spediteur – wie naturgemäß auch von dessen Lieferanten, einem LKW-Hersteller.
- *3D-Varianten bei Mailings* wie etwa ein Filz-Tannenbaum auf Weihnachtsbriefen: Darauf können Sie auch ohne C-M-C beim Nachfass-Telefonat Bezug nehmen – die Wahrscheinlichkeit, dass ein solcher Brief erinnert wird, ist höher als bei einer normalen Weihnachtskarte mit schlichtem Aufdruck. Der Absender hat einen bleibenden Eindruck hinterlassen, wie der Volksmund so treffend formuliert.
- *Spardose in unterschiedlichster Ausprägung* – in der Praxis etwa erfolgreich eingesetzt beim Verkauf der Brockhaus Enzyklopädie, um auf diese Weise zugleich den geringen Aufwand „auf den Tag umgerechnet" deutlich zu machen. Dort in der

Form eines kleinen Buches, dessen Deckel aufgeklappt werden konnte.

TIPP: Lassen Sie sich durch Ihr Umfeld anregen

Was erhalten Sie selbst an Werbegeschenken – privat, im Büro, auf Messen? Welche Give-aways oder größeren Geschenke von Werbemittelanbietern könnten Sie für Ihr Unternehmen entsprechend bedruckt einsetzen? (Siehe zum Beispiel www.hach.de oder www.schneider.de) Sollten höhere Auflagen infrage kommen, sind Sonderanfertigungen preiswert möglich, etwa bei Gummibärchen oder den „Motiv-Nudeln" des Anbieters Buchmaxx (www.buchmaxx.de) – zum Beispiel als 3-D-Abbild Ihres Hauptangebotes (Geldmünze, Telefon, Buch, Haus, Möbelstück etc.) oder sogar Ihres Firmenlogos: Damit bringen Sie Ihre Gesprächspartner auf den Geschmack.

Nun haben Sie sich eine Menge Gedanken gemacht und Lösungen für 3-D-Gegenstände gefunden. Sie haben dicke Mappen zusammengestellt und Figuren und Modelle ersonnen, die Sie per Post-Dienstleister vor oder nach einem Telefonat mit geringem Aufwand an Ihren Gesprächspartner schicken können. Sie zögern trotzdem noch, weil Sie Gründe finden, die gegen ein solches Vorgehen in Ihrer Situation sprechen? Dann versuchen Sie es ergänzend oder auch alternativ damit:

Erzeugen Sie die dritte Dimension verbal!
Wenn bildhaftes Beschreiben von Größenverhältnissen die Pflichtübung für erfolgreiches Telefonieren darstellt, dann schaffen Sie durch die Erweiterung auf die dritte Dimension eine erfolgreiche Kür. Hier sind Beispiele für Formulierungen, mit denen Ihre Beschreibungen greifbar werden:

Dialog-Elemente zum Erzeugen haptischer Eindrücke:

Thema Stichwort	Schlüssel-Formulierung in 3D
Postsendung ankündigen	„Sie haben vielleicht schon von XYZ gehört oder gelesen? Nun, dazu möchten wir Ihnen etwas zeigen: Damit Sie selbst etwas in die Hand nehmen können, habe ich ausführliche Informationen an Sie auf den Weg gebracht …"
Vergleichbares in Umgebung finden	„Hmm, lassen Sie mich überlegen – wie wird das konkreter für Sie … Sagen Sie, was steht denn bei Ihnen auf dem Schreibtisch, wenn ich fragen darf? … Aah, der Korb für Ihre Eingangspost! Wenn Sie sich den geschlossen vorstellen …"
Etwas zur Hand nehmen lassen	„Schön, dass Sie noch einen Briefbeschwerer auf Ihrem Schreibtisch haben, Herr/Frau …! Nehmen Sie den doch bitte mal in die Hand … Dieses Gewicht dürfte in etwa dem von ABC entsprechen …"
Give-away ins Angebot einbinden	„Dann danke ich Ihnen für die Gelegenheit, Ihnen XYZ detailliert anzubieten! Mit der ausführlichen Beschreibung erhalten Sie die Produktbroschüre – und außerdem ein nützliches Dankeschön: Den …, mit dem Sie … Bin schon ganz gespannt, wie Ihnen der gefällt!"
Muster be-greifbar beschreiben	„Stellen Sie sich bitte vor, Sie hätten eine Box in der Größe von – hmm, etwa einer Schuhschachtel. Also eher länglich rechteckig, der Deckel abnehmbar. Wenn Sie diese Box nun hochkant stellen und zwei nebeneinander, dann haben Sie in etwa die Dimension …"
Unterlagen ins Gespräch integrieren	„Hmm, am besten nenne ich Ihnen die konkreten Stellen im Katalog, den ich Ihnen geschickt habe. Ich bin jetzt auf Seite 93 – wenn Sie freundlicherweise … Dort sehen Sie das Gerät in einer möglichen Lösung im Arbeitsraum dargestellt. Käme das für Sie so infrage?"
Ausfüllen und Unterschrift am Telefon begleiten	„Vorschlag: Nehmen Sie doch einfach die Unterlagen zur Hand, dann gehen wir die gemeinsam durch … Sie brauchen nur noch ausfüllen, was angekreuzt ist – einen Stift haben Sie greifbar, Herr/Frau …? … Dann gibt es noch zwei Stellen, an denen Sie unterschreiben müssten …"

…

…

Auch diese Geschichte wurde mir zugetragen: *Ein Finanzdienstleister ließ potenziellen Geschäftskunden ein Dagobert-Duck-Taschenbuch zukommen, dazu einige Schokoladenmünzen. Beim Telefonat bat er sie, eine bestimmte Seite aufzuschlagen: „Sie sind jetzt auf Seite …? Schön, das ist eine der Erfolgsgeschichten mit Onkel Dagobert. Und was tut er, nachdem er seinem Vermögen einige weitere Milliarden oder gar Billiarden zugeführt hat? Er nimmt ein Bad in seinem riesigen Geldspeicher. Wie würde Ihnen das gefallen, Herr/Frau …? Tun Sie mir den Gefallen, nehmen Sie die goldigen Schokomünzen in die Hand, lehnen sich bequem in Ihrem Sessel zurück, schließen Sie die Augen – und stellen sich vor, ein Geldbad zu nehmen, wie Onkel Dagobert: Was wäre das für ein Gefühl? Nun, wir sprechen zwar nicht von Milliardengewinnen. Doch mal angenommen, Sie würden …"* – usw. Auf diese Weise ein Hochgefühl oder zumindest ein breites Schmunzeln beim Gesprächspartner zu erzeugen, braucht es Humor und Charme.

Mit Onkel Dagobert auf Erfolgskurs

Unabhängig von der Verkaufssituation gibt es aber viele weitere Gelegenheiten beim Telefonieren, mithilfe dreidimensionaler Beschreibungen optimal zu landen. Hier sind einige aufgeführt:

Intensiver kommunizieren mit 3-D-Beschreibungen

- *Besuchsvereinbarung*: Motivieren Sie Ihren Gesprächspartner durch entsprechende Fragen, Ihnen die Lage des Treffpunkts räumlich zu beschreiben, unabhängig von seinem Navigationssystem. Beispiel: „Sie kennen Bad Wörishofen? Nun, Türkheim liegt auf der Höhe Bad Wörishofen, auf der anderen Seite der Autobahn A96 – quasi wie umgeklappt."
- *Reisebuchung*: Lassen Sie Ihren Reiseteilnehmer „fühlen", worauf er sich freuen darf. Beispiel: „Wo in südlichen Ländern waren Sie denn schon? … Aah, O. K. – das Klima in … zu dieser Jahreszeit entspricht in etwa dem in … im …" oder auch „Lassen Sie die Winterkleidung ruhig zuhause: Während bei uns in Deutschland die Temperatur in den Keller fällt, liegen Sie dort in Badekleidung am Pool – bei Wassertemperaturen, die sonst gerade mal in der heimischen Badewanne erreicht werden …"
- *Erläuterungen* eines Handwerkers, etwa zu Maßnahmen fürs Energiesparen: „… zwar ein paar Tage Arbeiten unterm Dach. Damit sparen Sie dann allerdings rund 500 l Öl innerhalb von zwei Jahren – ein Viertel Tankfüllung! Das ist doch eine sinnvolle Alternative zu Ihrer Überlegung, die Raumtemperatur im

Haus um zwei Grad zu drosseln – mich schüttelt's gleich, wenn ich daran denke! Und wie Sie schon sagten, die Kosten für die zusätzliche Dämmung sind über staatliche Förderung und Steuervorteile innerhalb von ein paar Jahren hereingeholt!"

Wie Sie sehen, hat Raum-„Gefühl" eben genau damit zu tun, sich mit allen Sinnen vorzustellen, in einer bestimmten Situation zu sein. Welche weiteren Chancen fallen Ihnen ein, „3-D-Kommunikation" zu betreiben? Diskutieren Sie das Thema durchaus mit Ihren Mitarbeitern, Kollegen, Chefs, Projektteam-Mitgliedern, Außendienst-Kollegen usw.

Kreativ-Chart zum Finden von möglichen 3-D-Situationen fürs Telefon

Situation	Thema	Raum, Volumen	Gefühl, begreifen
Allgemein	Situativ, spontan	Dimensionen abtasten, Größenverhältnisse vergleichen: Muster, Modell, Verpackung	Gewicht, Temperatur besprechen; in die Hand nehmen, anfassen: Katalog, andere Unterlagen
Verkaufs-gespräch			
Reklamations-kontakt			
Beratungs-dialog			
Geräte-vorstellung			
Dienstleistungs-angebot			
Projektmeeting			
Reparatur-Erläuterung			
Businessplan-Präsentation			
…			

Greifen Sie bei Ihren Formulierungen immer mal wieder auf die *„Hypothese-Technik"* zurück, die bereits bei Tool 2 erwähnt ist:

- „Stellen Sie sich bitte einmal vor, …"
- „Angenommen, Sie wären …"
- „Wenn Sie sich in die Situation versetzen, …"
- „Konkret könnten Sie … nutzen, indem Sie es …"
- „Lassen Sie sich von mir mitnehmen hinein in …"
- „Erinnern Sie, wie Sie einmal in …"

Mit einer solchen Aufforderung motivieren Sie die meisten Gesprächspartner, sich darauf einzulassen, das reine Hören am Telefon durch andere Sinneseindrücke zu ergänzen, die ausschließlich im Gehirn ablaufen: Sie entwickeln Vorstellungen jenseits der Realität um sie herum. NLP und andere Kommunikations-Methoden führen sogar bis zu Trance-Zuständen, um ein intensiveres Erleben zu ermöglichen.

Bildsprache und Wortbilder

Das menschliche Gehirn erzeugt, verarbeitet und speichert Sprache in unterschiedlichen Arealen, etwa Wortschatz und Sprachverständnis an anderen Stellen als Grammatik oder Sprachproduktion. Entgegen häufiger Berichte finden diese Prozesse durchaus in beiden Hirnhälften statt, wenn auch überwiegend in der linken, die mehr für Abstraktes zuständig ist. In der rechten Hemisphäre werden (zumindest von europäischen Sprechern) eher konkret fassbare Geschehnisse verarbeitet, wozu auch Bilder gehören – und natürlich 3-D-Erlebnisse. Wer es schafft, während des Sprechens Bilder oder gar Szenen im Kopf seines Zuhörers entstehen zu lassen, erreicht ihn besser, weil mehrere Verarbeitungsprozesse parallel ablaufen, sodass der Zuhörer schneller versteht. Interessanterweise wird jedoch ein Teil unseres Wortschatzes rechtshirnig verarbeitet, die sogenannten Bildwörter. Zu diesen zählen zum Beispiel:

Bildhaft formulieren, um besser verstanden zu werden

Neu	Name!	wertvoll
Jetzt	Vorname	Gold
Licht	Sparen	
Liebe	Geld (Euro, Mark, Dollar)	

Je konkreter, bekannter und positiver, desto besser die Wirkung

Zu den Wirkkriterien gehören: 1. konkret, 2. allgemein bekannt/ häufig benutzt, 3. positiv besetzt. Beachten Sie dringend, dass die starke Wirkung entsprechend für negativ besetzte Begriffe gilt, die zu verstärkter Abwehr führen können. Beispiele sind: Feuer, Bankrott, Blut – und auch teuer usw. Schwierige abstrakte Begriffe dagegen halten Ihren Zuhörer vom Mitdenken ab. Er überlegt, was gemeint sein könnte – und überhört, was Sie ihm inzwischen erzählen (siehe 5-F-Wörter, Tool 6).

Zur Vorsicht mahnt die „Textakademie" beim Einsatz von bildhaftem Wortschatz in ihrem Newsletter. So sei daran zu denken, dass der Empfänger der Botschaft sich ein anderes Bild machen könne als jenes, das der Sender vor Augen hat. Dabei spielen eigene Erfahrungen und die aktuelle Situation der Zielperson, sei es beruflich oder privat, naturgemäß eine entscheidende Rolle. Je nachdem finden Sie mehr oder weniger Aufmerksamkeit, erzeugen mehr oder weniger positive Bilder, entsteht mehr oder weniger Gemeinsames.

TIPP: SPAM-Mails sind interessante Quellen für Bildwörter
Suchen Sie bewusst nach Begriffen, die dort verwendet werden, sei es im Betreff oder in der (meist gefälschten) Mail-Adresse. Achten Sie dabei weniger auf die offenbar auch funktionierenden Markennamen wie Viagra oder Rolex bzw. Potenz & Co. Sie finden dort zum Beispiel:
- Vornamen (als Empfehler, zum Beispiel „Sabine meint: …": Wenn Sie eine Person dieses Namens kennen, lesen Sie vielleicht weiter)
- Verwandtschaftsbegriffe (Bruder … könnte ja der Ihre sein?)
- Info@... (… einer Ihrer wichtigen Quellen?)
- Segeln und andere Hobbybegriffe (jeder x-te Empfänger betreibt diese Freizeitbeschäftigung oder würde gerne – und wird eventuell neugierig)
- Markennamen

Bleibt zu überlegen, was davon für Ihre Telefonate passen könnte …

Ein weiteres Beispiel für die Tendenz zum Bildhaften ist die intensive Nutzung von Emoticons in E-Mails, ausgehend vom simplen :) über die vielen weiteren, die vor allem von der nachwachsenden (Internet-)Generation entwickelt werden.

Wenn Sie im Gespräch ein bestimmtes Bild erzeugen möchten, dann probieren Sie doch einmal den folgenden Trick. Kündigen Sie es dadurch an, dass Sie sagen: „Denken Sie jetzt auf keinen Fall an XYZ!" – und schon denkt Ihr Gesprächspartner genau an – XYZ!

Fazit: Es ist durchaus auch per Telefon möglich, dem Gesprächspartner einen fühlbaren Eindruck zu vermitteln. Sei es von einer Dienstleistung, einem konkreten Gegenstand oder von einer Situation, in die Sie ihn gerne mitnehmen möchten. An die Stelle einer trockenen Diskussion tritt ein viel-sinniges gemeinsames Erleben, das meist rascher und erfolgreicher zum Ziel des Telefondialogs führt. Geben Sie Ihren Gesprächen also Raum im wörtlichen Sinne!

Tool 3: Messe-Einladung per Telefon: Termine bündeln, Kontakte schaffen

Dass Messen, Kongresse und Tagungen immer wieder boomen, hat seinen guten Grund: Auch in Zeiten virtueller Treffen ist die persönliche Begegnung selten komplett zu ersetzen und zumindest gelegentlich gefragt. Geht es beispielsweise um hochpreisige Investitionsgüter, nutzen potenzielle Käufer gerne die Gelegenheit, mehrere Anbieter auf einmal zu erleben und sich einen möglichst umfassenden Marktüberblick zu verschaffen. Deshalb investieren Hersteller, Händler und Dienstleister viel Geld, mit einem mehr oder weniger großen Stand auf diesen „Marktplätzen der Moderne" vertreten zu sein – und sich dort angemessen zu präsentieren. Verkäufer wiederum vertrauen häufig darauf, dass ihre relevanten Kontakte sich dort blicken lassen werden und sich zahlreiche Erstkontakte mithilfe eines gelungenen Messestandes anlocken lassen. Somit bleibt es oft dem Einkäufer überlassen, sich zu orientieren und einen eigenen Terminplan für die Branchen-Messe zu gestalten. Wer dagegen als Anbieter diese exzellente Chance nutzt und im Vorfeld einer Messe durch aktives Anrufen konkrete Termine mit Besuchern vereinbart, erreicht auf jeden Fall

Unersetzlich: Persönliche Kontaktpflege

▨ eine höhere Sicherheit, dass die gewünschten Besucher wirklich kommen,

◼ eine hohe Wahrscheinlichkeit, Besuchstermine einigermaßen zu verteilen und somit Zeit für jeden Besucher zu haben,

◼ eine interessante Möglichkeit, neue Kontakte zu finden und zum Messebesuch zu motivieren.

So machen Sie Messe-Termine

Schriftliche Einladungen, ob klassisch durch „White Mail" (= Briefpost) oder elektronisch, sind dafür nur bedingt geeignet. Sie gehen häufig im Wust der vielen anderen Einladungen und sonstigen Post verloren, während der Telefonanruf jedenfalls Aufmerksamkeit heischt. Erscheint Ihnen eine visualisierte Botschaft sinnvoll, empfiehlt sich das C-M-C-Vorgehen (siehe Tool 9: Wer Unterlagen aufgrund eines vorherigen Anrufs erhält, wird diese tatsächlich zur Kenntnis nehmen – und Ihre Vor-Präsentation aufmerksam(er) betrachten. Dadurch wächst die Chance, im Folgeanruf zum gewünschten Ziel zu kommen, nämlich die Zusage für einen Besuch Ihres Messestands zu erhalten.

Welche Schlüssel-Formulierungen helfen, zielgerecht vorzugehen?

◼ *„Vom … bis … findet die diesjährige …-Messe in XYZ statt. An welchen Tagen planen Sie, dort zu sein?"*

◼ *„Für unsere Besucher möchten wir uns Zeit nehmen können. Deshalb rufen wir Sie frühzeitig an, um Ihren Wunschtermin freihalten zu können. Welche Zeiten haben Sie denn noch frei?" oder „Welche Zeit wäre Ihnen denn angenehm?"*

◼ *„Auch in diesem Jahr haben wir einiges für unsere Besucher parat: Konkrete Informationen, auch über den neuen … – und ein gutes Catering. Schließlich bleibt bei Messebesuchen meist wenig Zeit, sich ins Restaurant zu setzen …"*

◼ *„Was konkret sollen wir für Sie vorbereiten, Herr/Frau …?"*

◼ *„Dann freue ich mich darauf, dass wir einander [dass unser Herr … und Sie sich] am Wochentag Datum Uhrzeit an unserem Messestand treffen! Ich bestätige Ihnen das gerne schriftlich mit Messestand an Ihre Mail-Adresse …@…. – richtig?!"*

◼ *„Sind Sie denn bereits mit einer Eintrittskarte versorgt – oder soll ich Ihnen eine per Post [einen Link mit Gutschein-Nummer fürs Internet auf www.xxx.de] zukommen lassen?"*

Wie Sie mit Erstkontakten ins Gespräch kommen, zeigt Ihnen Tool 7 (E-V-A). Wie selbst lange zurückliegende Kontakte gerade mithilfe einer telefonischen Einladung zur Messe bestens aufgewärmt werden können, dazu mehr in Tool 8 (A-D-A-M). Mehr und mehr Anfragen kommen heutzutage via Internet, wenn Sie auf Ihrer Website auf Ihre Messebeteiligung ankündigen – oder schlicht aufgrund des Katalogeintrags beim Messeveranstalter auf dessen Website. Vielleicht nutzt Ihr Unternehmen auch Vortrags-Slots in einem der meist integrierten Themenforen oder ist mit einer Präsentation im begleitenden Kongress vertreten. Sorgen Sie dafür, dass derartige elektronische Anfragen möglichst ebenfalls mit einem Telefonanruf bestätigt werden. Eine ideale Chance, aktive Marktforschung zu betreiben: Funktion/Position des Besuchers? Art seines Unternehmens? Grund für den Messebesuch? Besteht konkret Interesse an Ihrem Unternehmen?

Die Messe: Erstklassiger Marktplatz für Kontakte

Doch zurück zum vorbereitenden Telefonat. Die spätere Präsentation am Messestand bringen Sie Ihrem potenziellen Besucher durch viel-sinnige Formulierungen näher. Durch passende Formulierungen verstärken Sie den Wunsch beim Angerufenen, sich einen Besuch bei Ihnen vorzunehmen. Hilfreiche Schlüssel-Phrasen (also Teilsätze) sind zum Beispiel:

Per Telefon einladen und verabreden

„… möchten wir Ihnen zeigen …"
„… tauchen Sie ein in die Welt der XYZ-Branche …"
„… Sie sind herzlich willkommen – greifen Sie dann auch zu …"
   (Catering)
„… nehmen Sie … auf mit allen Sinnen …"
   (Lebensmittel, Medien, …)
„… erleben Sie mit …"
„… gerne begleiten wir Sie auf …"

Welche weiteren Formulierungen fallen Ihnen ein, die Sie sich notieren wollen?

_____

_____

_____

_____

Konkreten Termin abschließen

Mag sein, dass Sie trotz Ihrer treffenden Argumente und alle Sinne einschließenden Wortwahl nur vage Zusagen erhalten, etwa in diesem Stil: „Klingt interessant … Ich schaue mal, wie ich es schaffe – kann ich noch nicht sagen. Machen wir es doch einfach so: Wenn ich komme, bin ich da. Und wenn Sie gerade im Gespräch sind, können wir ja was vereinbaren – oder ein Kollege von Ihnen ist frei …". Wollen Sie sich damit zufrieden geben? Wenn Ihr Gesprächspartner derart weitschweifig versucht, sich herauszuwinden, ist das vor allem ein Kennzeichen für Unsicherheit. Er will vielleicht – oder auch nicht … Ein wichtiger Aspekt Ihrer Messebesuchs-Akquise ist aber, konkrete Zeiten planen zu können. Für Sie und Ihre Kollegen – und auch für den Besucher: Sie wollen genügend Zeit für ihn haben. Es sollte also durchaus in seinem Sinne sein, wenn Sie jetzt weiter versuchen, einen fassbaren Termin zu vereinbaren. Formulieren Sie zum Beispiel so:

Termin konkretisieren

Thema	Mögliche Formulierung	Ihre Formulierung
Kunde ist unsicher, weiß noch nicht so richtig: Sie gehen mit ihm zunächst einen Schritt zurück – was bedeutet die Messe generell für ihn, unabhängig vom Besuch bei Ihnen? Daraus Termin!	„Sie wissen noch nicht so recht, was Ihnen der Besuch bei uns bringt, scheint mir … Was sind denn für Sie die wichtigsten Gründe, überhaupt zur ABC zu fahren?"	

Thema	Mögliche Formulierung	Ihre Formulierung
Kunde unschlüssig, ob überhaupt zur Messe: Liefern Sie ihm Gründe dafür und bereiten so den Besuchstermin vor – auch durch besondere Wertschätzung ihm gegenüber!	„Nun, da kann ich Ihnen schwer raten, Herr XYZ! Wir haben auch länger diskutiert – und letztlich war uns klar: Wenn wir wichtige Kontakte wie Sie über wichtige Neuheiten informieren wollen, dann auf zur ABC!"	
Kunde kommt zur Messe, will sich jedoch nicht festlegen: Machen Sie es ihm leicht, zunächst nur eine Vor-Entscheidung zu treffen.	„Verstehe schon, Herr XYZ – es gibt natürlich noch andere wichtige Gespräche für Sie. Sollen wir prophylaktisch zwei Termine frei halten und Sie sagen mir kurzfristig, welcher es sein soll?"	
Kunde will sich nicht festlegen: Sie bieten zwei Termine zur Auswahl = er entscheidet „ja oder ja".	„Hm – was würde Ihnen besser passen – gleich am ersten Messetag am Vormittag oder lieber am zweiten gleich nach Mittag?"	
Kunde signalisiert „im Prinzip schon …": Nehmen Sie den Zögerer an die Hand.	„Schön, dann geht es im Grunde nur darum, einen für uns beide passenden Termin zu finden. Darf ich einen vorschlagen?"	

…

TIPP: Nutzen Sie diese Tipps für jegliche Terminvereinbarung

Was Sie sich hier erarbeiten, um künftig leichter Besucher zu konkreten Terminen an Ihren Messestand zu locken, gilt grundsätzlich genauso für jede andere Art von Terminvereinbarung: Besuch beim Kunden, Treffen „in der Mitte", Gespräche bei anderen Veranstaltungen. Je nach Aufwand-Ertrag-Verhältnis suchen Sie mehr oder weniger viele Gelegenheiten für persönliche Zusammentreffen: Kunden- oder Autorenpflege, persönliches Kennenlernen langjähriger Kontakte per Telefon und Brief, Übergabe von Unterlagen anstelle von Verschicken per Postdienst …

Das Follow-up muss stimmen

Was nach dem
Telefonat zu tun ist
Sie haben erfolgreich Ihr Telefonat beendet. Ein Muss ist es jetzt, vereinbarte Termine sofort schriftlich zu bestätigen. Entweder per E-Mail oder Brief, je nachdem, was Sie besprochen haben. Sie schnüren ein schönes „Follow-up"-Paket daraus, indem Sie …

- selbstverständlich das Messeticket oder einen Gutschein beifügen (ein reiner eLink ist weniger griffig),
- Anreise-Hinweise zur Messe ergänzen,
- einen Überblick über die Messe geben (dafür gibt es evtl. eine Broschüre von der Messegesellschaft),
- eine Information über Ihr Unternehmen, Ihr Angebot dazulegen.

Sorgen Sie auf diese Weise dafür, dass Ihr Gesprächspartner sich bestens bedient fühlt. Kündigen Sie im Telefonat an, was Sie ihm zukommen lassen. Auf diese Weise vermeiden Sie zudem Dopplungen, wenn er über bestimmte Information bereits verfügt.

Und sollte Ihr Telefonat nicht zur gewünschten Zusage eines Besuchs am Messestand führen, nutzen Sie Ihre Chance, zumindest per Telefon im Gespräch zu bleiben. Fragen Sie den Angerufenen, auf welche Weise der Kontakt weitergeführt werden sollte:

Klären Sie,
wie der Kontakt
weitergeführt
werden soll
- Welche konkreten Informationen über welche Dienstleistung bzw. welches Produkt sind gewünscht? Übermittlung elektronisch oder als Print?
- Regelmäßiger Kontakt via E-Mail oder Telefon?
- Gestaltung des persönlichen Kontakts – Besuchstermin dort oder bei einem anderen Event?
- Übersendung der pdf-Datei des Messevortrags? Dazu andere Unterlagen oder Veröffentlichungen?

… und vielleicht wird über dieses Angebot sogar unmittelbar ein Verkaufsgespräch daraus? So oder so können Sie danach erheblich besser einschätzen, welches Potenzial dieser Kontakt für Sie und Ihr Unternehmen darstellt. Diese Information ins CRM-System eingespeist (Customer Relationship Management), verbessert Ihre Planungsgrundlage erheblich: Neben die Kundenbewertung in der Art der klassischen ABC-Einteilung tritt die Potenzialbewertung in

Klasse 1, 2, 3, mit der Sie zugleich eine Priorisierung von Kontakt-intervallen vornehmen (Mailings, Anrufe, Besuche, …). Und wenn im Rahmen der Messe-Einladung ein „lead" daraus wird, also ein konkreter Verkaufskontakt, umso besser.

Schließlich bleibt das Thema „Afterfair", angelehnt an „Aftersales": Was tun gewiefte Vertriebler direkt im Anschluss an das Messe-Event? Nachfassen!

„Afterfair": Messe-Nach-bereitung per Telefon

▨ *Besucher* erhalten versprochene Unterlagen oder Informationen, verbunden mit einem „Dankeschön-Telefonat". Das hat Priori-tät 1 und geschieht unmittelbar nach Messe-Ende, es sei denn, es wurde etwas anderes vereinbart.
▨ *„Versäumer"*, also Kontakte, mit denen ein Termin auf der Messe vereinbart war, den diese nicht eingehalten haben, erhal-ten einen Anruf mit dem Ausdruck des Bedauerns. Sie werden auf Versäumtes hingewiesen und ein Besuchstermin oder zu-mindest die Zusendung von Unterlagen wird angeboten.
▨ *„Verweigerer"* sind jene Kontakte, die beim Telefonat vor der Messe einen Besuch verneint hatten. Je nach Grund und Verein-bartem bieten Sie im Telefonat eine Alternative an.

Damit sind Sie die berühmte „Meile mehr" gegangen. Auch und ge-rade die Messe-Verweigerer sollten nun gepflegt werden: Sie infor-mieren sie per Telefon über News Ihres Unternehmens, Sie bieten ihnen weiter führende Informationen auf alternativen Wegen an. Das kann Ihr Besuch (bzw. der eines Kollegen) beim Gesprächs-partner sein oder das Treffen bei einem Ihrer Kunden. So könnte Ihr Interessent Ihre Leistungen live erleben und der Kunde wird zum Empfehler. Lassen Sie sich für diesen unterstützenden Kunden un-bedingt ein Goody einfallen!

Einige Vorschläge für Ihr telefonisches Nachfassen finden Sie hier zusammengefasst. Formulieren Sie passend für sich um, „wie Ihnen der Schnabel gewachsen ist" (ggf. mit Download-Formular, das Sie auf der Verlagswebsite www.gabal-verlag.de unter „Effektiv telefo-nieren" finden):

Ihr Messe-Nachfass-Chart: Schlüssel-Formulierungen

Nachfass-Situation	Vorschlag Formulierung	Ihre Formulierung
M essebesucher: Termin vereinbart, war am Stand	„Nochmals danke, dass Sie bei uns am Stand waren! – Sie sind gut wieder nach Hause gekommen … Wie war die Messe insgesamt für Sie? … Schön, dann erhalten Sie jetzt von mir … wie vereinbart …!"	
E rstkontakt: Zufallsbesucher am Messestand	„Hat mich sehr gefreut, dass Sie bei uns Halt gemacht haben! Besonders XYZ hat Sie ja interessiert: Dazu habe ich Ihnen noch … versprochen – das erhalten Sie natürlich jetzt umgehend!"	
S tornierer: „Versäumer" eines Termins	„Schade, dass Sie es doch nicht zu uns geschafft haben (Was ist schiefgelaufen?): Da musste ich Ihre Portion selbst essen … Die Messe war hoffentlich trotzdem informativ für Sie?! … Hmm, wie machen wir das jetzt, damit Sie auf den Stand der Dinge kommen? Vorschlag: Ich lasse Ihnen … ? O. K.?!"	
S eparierer (also „Verweigerer"): Messe vermieden	„Puuh, war wieder ganz schön anstrengend; irgendwie habe ich Sie beneidet: War schon richtig, darauf zu verzichten. Wenn es auch eine Menge Neues gegeben hat. Wie wollen wir das machen, dass Sie zumindest einen Überblick zu unseren Angeboten erhalten?"	
E ventueller Besuch: Wusste nicht und kam nicht	„Ja, hat dann nicht geklappt mit einem Besuch bei uns: Waren Sie denn überhaupt auf der ABC-Messe? … Nun, wie kann ich Ihnen helfen? Sie waren ja vor allem an … interessiert, sagten Sie bei unserem Telefonat vor einigen Tagen, richtig? … Sollen wir es so machen, dass ich Ihnen …?!"	

58

Wie Sie sehen, ist ähnlich einem konstruktiven Feedback im Mitarbeitergespräch oder bei Reklamationskontakten (siehe Kapitel 5) die Sache von der Person zu trennen – vermeiden Sie alles Vorwurfsvolle. Sprechen Sie vielmehr mit der Person über konkrete alternative Vorgehensweisen. So stellen Sie sicher, dass der Kontakt bestehen bleibt, statt in Vergessenheit zu geraten. Oder Sie stellen fest, dass Sie diesen Kontakt von Priorität 1 auf Prio 2 oder gar Prio 3 zurückstufen können. Auch das hat einen wichtigen weiter führenden Effekt: Sie organisieren sich sinnvoll!

Hier folgt eine Sammlung von Messe-Fortsetzungen, die Sie ins Gespräch bringen können, um den Kontakt zu pflegen oder zu intensivieren:

Nachfass-Situation	Vorschläge für To-do:	Ihre möglichen To-dos:
M essebesucher: Termin vereinbart, waren am Stand	Sollten beim Termin am Stand besprochen und vereinbart worden sein: bestätigen; Folgeschritt gleich mit anbieten (weiterer Termin?)	
E rstkontakt: Zufallsbesucher am Messestand	Sollten beim Termin am Stand besprochen und vereinbart worden sein: bestätigen; zusätzliches Testimonial, z. B. gemeinsamer Besuch eines bestehenden Kunden?	
S tornierer: „Versäumer" eines Termins	Video / Vodcast vom Messestand; Broschüre oder andere Präsentation der Neuheiten; Einladung zur Hausmesse; Angebot eines Besuchs beim Kontakt; Termin auf anderer Messe oder Tagung?	
S eparierer oder Verweigerer: Messe vermieden	Info zu relevanten Neuheiten, etwa als pdf-Datei oder Link auf die Website; Print-Unterlagen; Besuch eines bestehenden Kunden?	
E ventueller Besuch: Wusste nicht und kam nicht	Video / Vodcast vom Messestand; Vor-Vereinbarung zu Messe im Folgejahr bereits jetzt; Besuch des regional verantwortlichen Kollegen anbieten?	

Ein absolutes No-Go: Persönliche Vorwürfe

Vermeiden Sie beim Nachfassen unbedingt Frustreaktionen folgender Art:

- *Vorwürfe an den Gesprächspartner*: „Wieso sind Sie nicht gekommen? Wir hatten fest mit Ihnen gerechnet …" – besser: „Eigentlich hatten wir fest mit Ihnen gerechnet – und nachgegrübelt, wie wir Ihren Besuch bei uns sozusagen ersetzen können …"
- *Zaudern beim Nachfassen*: Na, wenn er nicht gekommen ist, dann will er wohl von uns gar nichts wissen – wozu also anrufen? Sollte das wirklich so sein, dann erfahren Sie es im Telefonat – und wissen für die Zukunft Bescheid.
- *Zweifel an sich selbst*: Mensch, was habe ich / was haben wir da wieder falsch gemacht? Hätten wir uns die Anruferei sparen können … Statt zu grübeln, klären Sie besser den konkreten Einzelfall und rufen an!

Achten Sie bei Ihren Nachfass-Anrufen bewusst auf meist zusätzlich entstehende positive Nebeneffekte wie etwa eine geänderte Messe-Organisation fürs nächste Mal, das Einbauen weiterer Gesprächsziele in Vorbereitungstelefonate, ergänzende Informationen über das Messegeschehen und ähnlich nützliche Beiträge.

TIPP: Nutzen Sie die Möglichkeiten einer Hausmesse

Hausmessen sind eine immer noch zu wenig praktizierte Option. Laden Sie sowohl potenzielle Interessenten als auch Kunden zu sich ins Unternehmen ein und lassen Sie die Wertschätzung Ihrer Kunden für sich sprechen. Viele berichten gerne über ihre Erfahrungen mit Ihrer Dienstleistung oder Ihren Produkten und werden auf diese Weise zu Empfehlern, denen eher geglaubt wird als Ihnen, die natürlich „pro domo" sprechen. Bitten Sie auch Multiplikatoren dazu: Die Presse (modern: die Medien), Verbandsvertreter oder Zulieferer bzw. Subunternehmer. Auf diese Weise konzentrieren Sie das Interesse der Gäste ausschließlich auf Ihr Angebot und vermeiden die Ablenkung durch viele andere Anbieter auf einem üblichen Messe-Event. Auch ein Rahmenprogramm macht sich dabei gut. Planen Sie ein solches Ereignis möglichst langfristig, damit Sie gleich ein Ausweichziel für Ihre Einladungs-Telefonate zu Branchen-Messen in das Gespräch einfließen lassen können.

Was immer Ihre Intention im Zusammenhang mit einer Branchen-Messe ist, ein telefonischer Kontakt vorher und/oder nachher ist meist hilfreich. Einige weitere Gründe für ein Treffen unabhängig von einem eigenen Messestand könnten sein:

Was noch für einen Messe-besuch spricht

- *Medienbranche*: Gespräche mit bestehenden oder potenziellen Autoren; Interview mit einer wichtigen Person; Kollegen treffen.
- *Industrie*: Kollegen aus der Branche treffen, um eigene Eindrücke mit deren abzugleichen und wertvolle Hinweise auf interessante Aussteller zu erhalten; Meeting mit Kollegen aus anderen Werken.
- *Handel*: Treffen mit ehemaligen Kollegen, die zwischenzeitlich anderswo beschäftigt sind – für informellen Austausch; Meeting mit externen Kollegen des eigenen Unternehmens, die ebenfalls diese Messe besuchen.

Ersetzen Sie „Messe" durch „Kongress" oder „Verbandstagung", und schon finden Sie sicherlich weitere Gründe, diese Chance zum Gespräch durch ein Telefonat vorneweg zu präzisieren und danach Besprochenes zu konkretisieren:

Zielbündelung spart Zeit und Kosten

- Persönliches Kennenlernen nach virtuellem Kontakt auf www.xing.de oder anderen Business-Plattformen
- Erstmaliges „Shakehands" nach bisherigem ausschließlich telefonischem Kontakt
- Face-to-face-Interview eines Bewerbers – oder eines potenziellen neuen Chefs
- Einen intensiven Eindruck vom Messegeschehen gewinnen, um evt. beim nächsten Mal selbst mit einem Stand vertreten zu sein: Vereinbaren Sie dafür Besuche bei relevanten Ausstellern
- Sprechen Sie Fachleute, die einen Vortrag halten, bereits im Vorfeld an. Versuchen Sie, mit ihnen einen Termin für einen vertiefenden Austausch nach dem Vortrag zu vereinbaren
- Fragen Sie Personen aus Ihrer relevanten Branchendatei danach, ob sie zu dieser Messe kommen werden – wenn ja, warum? Wenn nein, warum nicht?

Sie motivieren durch Ihren Anruf Ihren Wunsch-Gesprächspartner vielleicht erst zur Teilnahme – oder entscheiden sich selbst nach vorherigem Zögern, zum Event zu reisen. Zumal Sie nun einen konkreten Grund mehr haben, zusätzlich zur Ausstellung oder Vortragsinformation. Durch das Bündeln verschiedener Vorhaben und Ziele rechnen sich die Investitionen in Reisezeit und -kosten. Ein wichtiger Grund, eine aufwändige Kongressteilnahme zu genehmigen …

Fazit: Messen kosten eine Menge Geld, wenn ein auffällig gestalteter Messestand mit professioneller Betreuung eingesetzt wird. Der Aufwand für eine ebenso professionelle Vor- und Nachbereitung ist im Verhältnis dazu überschaubar gering. Telefonische Kontakte bieten in diesem Zusammenhang exzellente Chancen für optimale Messegespräche und zugleich ideale Ansatzpunkte zur Qualifizierung und Aktivierung bestehender und neuer Kontakte.

Wobei „Messe" in diesem Sinne tatsächlich etwas mit „messen" zu tun haben sollte, etwa indem Sie den ROI (Return on Investment) errechnen, einen CPO (Cost per Order) oder auch CPI (Cost per Interest). Halten Sie fest, was Sie einsetzen und was aus diesem Einsatz entsteht. Sie werden zum Beispiel feststellen, dass ein paar Telefonate mehr Ihre Gesprächsfrequenz auf der Messe erheblich verbessern können. Und einige wenige Telefonate danach schneller zum gewünschten Erfolg führen …

Kapitel 3:
Kommunikation
im Team

Einleitung: Situationen virtuellen Führens

In Zeiten globaler Mobilität arbeiten Teams immer häufiger über den ganzen Globus verteilt. Sie sind vielfach vernetzt, kommunizieren aber mehr aus der Ferne denn in persönlichen Meetings. Projekte sind sowohl „in der Zeit" zu planen als auch „in Räumen". Arbeiten zum Beispiel acht Personen international oder mindestens national über einen Zeitraum von zwei Jahren zusammen, treffen sie einander meist nur gelegentlich: Hoffentlich zum Start bei einem gemeinsamen Kick-off-Erlebnis und spätestens wieder zum erfolgreichen Abschluss des Projekts, um diesen Erfolg zu feiern. Dazwischen vielleicht zwei oder drei Mal, was sich bei gemeinsamen Kundenterminen oder auf Branchen-Messen anbietet. Umso wichtiger ist die Kommunikation per Telefon und den damit kombinierten Medien wie beispielsweise SMS oder Instant Messenger. In virtuellen Teams, die auch virtuell zu führen sind, arbeiten die unterschiedlichsten Bereiche zusammen:

Virtuelle Teams leben von der Kommunikation per Telefon

- Innendienst und Außendienst: von Herstellern, Dienstleistern, Großhändlern
- Auftraggeber und Auftragnehmer oder Outsourcer; Zentrale mit Filialen; Zentrale mit Werken; Zentrale mit Handelsvertretungen
- Mehr oder weniger lockere Netzwerke von Kooperierenden, etwa in Werbung, Weiterbildung oder IT-Programmierung
- Abteilung mit externen Freien, wie in den Medien oder der IT-Branche

In aller Regel kommunizieren zwei Personen miteinander. Als besondere Herausforderung ist das Vernetzen mehrerer Teilnehmer an verschiedenen Standorten zu sehen. Konkrete Tools dafür sind die Telefonkonferenz (Tool 4) oder Projektsteuerung per Telefon (Tool 6). Damit haben genauso der klassische Projektleiter wie der Redakteur oder der IT-Leiter zu tun, die mehr und mehr freie Mitarbeiter zu führen haben. Hier wie dort erfolgt die Steuerung „von innen nach außen".

Eher umgekehrt zu sehen ist die Mitarbeitersteuerung durch eine Führungskraft, die selbst viel unterwegs ist und so „von außen nach innen" führt. Tool 5 liefert Anregungen für diese anders gelagerte Herausforderung.

Multitasking kann man trainieren

Parallel arbeiten – aber richtig

Häufig ist inzwischen davon die Rede, dass die Generation der ab Anfang der 1980er Jahre oder später Geborenen über schnellere Gehirne verfüge. Sie brauche mehr „action" und entspanne sich eher in einem hektischen und lauten Umfeld denn in Ruhe. Das zeige sich etwa daran, dass Schüler Musik hören – inzwischen vom iPod oder einem anderen MP3-Player – während sie ihre Hausaufgaben erledigen oder dass der Fernseher nebenher laufe. Arbeiten sie am Laptop, ist schon mal ein Fenster mehr geöffnet – oder sie (vor allem Jungs) springen zwischen Aufgabenlösen und Computerspiel hin und her. Fraglich ist, inwieweit dieses „Multitasking" intrinsisch verursacht ist und verstärkend wirkt oder sich infolge stetig wachsenden Medienkonsums entwickelt hat. Klar ist nur, dass mehr und mehr Jugendliche Hörschäden haben, mehr und mehr ADHS (das „Zappelphilipp-Syndrom") diagnostiziert wird und dass diese Generation als Erwachsene im Berufsleben durchaus ihre Abstürze erlebt.

Ärzte wie Berater tendieren inzwischen dazu, Multitaskern zu besserer Organisation zu raten, statt hektisch möglichst viele Aufgaben zeitgleich zu bearbeiten. Unter der Überschrift *Multitasking kann man trainieren* fasste die *Netzeitung* am 17.01.2008 eine Reihe von Aspekten und Aussagen von Spezialisten zu diesem Thema zusammen, hier einige Aussagen zitiert:

◼ Mehrere Dinge gleichzeitig zu tun kostet Kraft und verursacht Stress.

- Einfache Informationen können parallel verarbeitet werden – etwa Telefonieren (also sprechen/hören) und nebenher Gegenstände visuell wahrnehmen.
- Mehrere Entscheidungen zugleich fällen funktioniert nicht.
- Arbeitsabläufe in eine sinnvolle Reihenfolge zu bringen, hat mit Wahrnehmung zu tun, die trainiert werden könnten – Zählen bei Routinetätigkeiten etwa (Trainingsaufgabe: beim Gehen oder Laufen die Atemzüge zählen).
- Actionspiele trainieren die Fähigkeit, Aufmerksamkeitswechsel beschleunigen zu können.

Empfohlen wird, wenig überraschend, „am Arbeitsplatz konsequent Prioritäten zu setzen und feste Abläufe zu planen".

TIPP: Behalten Sie alle Sinne beisammen

Dies kann kaum schaden, vielmehr situativ helfen. Trainieren Sie daher, parallel zu hören, bewegte Bilder zu verfolgen und einen bewegten Text aufzunehmen. Denn diese Koordination ist eine Herausforderung, die Sie mit Routine besser bewältigen können. Zum Ausprobieren eignen sich Nachrichten-Fernsehsender wie n-tv, N24 oder Bloomberg. Dort laufen am unteren Rand Nachrichten als Textband ab, während Berichte, Interviews und Reportagen in Bild und Ton geliefert werden. Probieren Sie´s aus!

Telefon-Sprechstunden

Zeitplansysteme wie Time Systems oder Berater wie Prof. Werner Seiwert empfehlen es schon seit langem: Reservieren Sie feste Zeitblöcke für Telefonate. Das gilt für alle Varianten der Business-Kommunikation per Telefon. Damit Sie tatsächlich außerhalb dieser Blöcke Ruhe für Ihre anderen Aufgaben haben, braucht es ein wenig mehr als das reine Blocken in Ihrer Planung. Lassen Sie uns die Schritte durchgehen:

Definieren Sie Zeitblöcke für Telefonate

1. *Festhalten der definierten Blöcke*, etwa dienstags und donnerstags von 10–12 und 14–16 Uhr – im Zeitplanbuch, im Blackberry, in Outlook.
2. *Differenzieren dieser Blöcke*: Wann telefonieren Sie selbst aktiv und sind somit nicht erreichbar, wann halten Sie das Telefon für Anrufe frei?

3. *Kommunizieren dieser Zeiten* an regelmäßige Kontakte – dazu gehören auch evtl. zwischengeschaltete Personen aus Sekretariat, Assistenz oder Zentrale. Diese informieren Anrufer, die außerhalb der geblockten Zeiten anrufen, vereinbaren ggf. feste Anrufzeiten.

4. *Verändern Sie diese Blöcke nach Erfordernis.* Sollten Sie dies tun, um bewusst Routinen zu durchbrechen und flexibel zu bleiben, denken Sie an die Punkte 1.–3.: Wer muss darüber informiert sein?

5. *Reagieren Sie auf Routinen Ihrer Kontakte* oder fragen Sie interne und externe Mitarbeiter, Geschäftspartner und Projektteilnehmer vorab nach deren Bedürfnissen, bevor Sie Ihre persönlichen Blöcke festlegen.

Sorgen Sie schließlich dafür, in frei gehaltenen Zeitblöcken gezielt Routineaufgaben erledigen zu können, bei denen eine Unterbrechung durch einen Anruf kaum eine Rolle spielt: Nachdem das Telefonat beendet ist, können Sie umgehend zu Ihrer Aufgabe zurückkehren.

Exkurs: Second Life & Co.

Auch virtuelle Welten bieten Kontaktmöglichkeiten
Immer mehr Unternehmen legen sich eine Präsenz in der virtuellen Welt „Second Life" an. Dorthin laden diese Unternehmen Teilnehmer ein, die angemeldet und mit einem Avatar (sozusagen grafischer Stellvertreter einer Person) „anwesend" sein müssen. Tatsächlich finden regelmäßig auf www.secondlife.com virtuelle Kontakte verschiedener Art statt, die reale (= persönliche) oder annähernd reale (= telefonische) Treffen ersetzen (sollen):

- Projektmeetings – IBM verknüpft Software-Entwickler auf diese Weise
- Konferenzen – Campus-Verlag lädt dazu ein, Vorträge und Workshops zu erleben
- Bewerbergespräche – zum Beispiel von Personalvermittlungen
- Mitarbeitergespräche – etwa von weltweit tätigen Großkonzernen
- Verkaufspräsentationen – mit darauf folgenden Abschlüssen

Solche Begegnungen in virtuellen Welten bieten anscheinend mehr als ein telefonischer Kontakt. Aber noch sind dies nur punktuell genutzte Ereignisse, es dürfte noch eine Weile dauern, bis diese Welten so stark entwickelt sind, dass virtuelle Gespräche gang und gäbe werden. (Wie das Web parallel zum Telefon sinnvoll genutzt werden kann, andere Sinneskanäle als nur den auditiven anzusprechen, siehe TTT 19).

Tool 4: Meeting per Telefonkonferenz

Die Kommunikation macht einen erheblichen Anteil an der Managementtätigkeit aus, vor allem in Meetings. Unter diesem eingedeutschten Oberbegriff wird vieles zusammengefasst: Team-, Abteilungs- oder Projekttreffen, Konferenzen, Informations- und Betriebsversammlungen, Mitarbeiter- und Bewerbergespräche, unregelmäßige, einmalige oder regelmäßige Treffen. Genauso Arbeitsessen und andere Gespräche außerhalb der Betriebsräume sowie Weiterbildungs-Veranstaltungen wie Seminare und Workshops. Neben der Kommunikation zwischen zwei oder mehr Personen haben Meetings dies gemeinsam: Sie kosten Zeit und Geld.

Unter beiden Aspekten werden gelegentlich bestimmte Meetings infrage gestellt: Brauchen wir das wirklich? Was hat das denn gebracht? Warum so viel Blabla? Leitfaden und Ratgeber wie *Konferenz mit Ziel und Effizienz* (Dr. Werner Siegert, expertverlag) oder *30-Minuten-Training Besprechungen* (Jünger Medien, DVD) helfen dabei, Veranstaltungen besser vorbereitet, konsequenter umgesetzt und zielorientierter in der Kommunikation durchzuführen. Je mehr Teilnehmer über weitere Strecken anreisen und übernachten müssen, desto höher werden die Nebenkosten eines Meetings. Die Reisezeiten der Teilnehmer bleiben häufig außer Acht, während die eigentliche Meetingzeit kalkulatorisch berücksichtigt wird. Dabei macht dieser Teil einen besonders großen „Batzen" der Gesamtkosten aus, Werner Siegert spricht von 75 Prozent als Richtwert. Diese Kosten lassen sich sparen, wenn Sie von persönlichem Austausch auf telefonische Meetings ausweichen, zumindest das eine oder andere Mal. Zunächst sollten Sie sich grundlegend Gedanken machen, wie Sie es mit „TelCon"s (Abkürzung für Telefonkonferenz von englisch

Effiziente Kommunikation spart Zeit und Geld

= telephone conference) halten wollen. Eine Reihe hilfreicher Aspekte finden Sie hier:

Telefonkonferenz: Vor- und Nachteile von Kommunikation „am Draht"

Kontra: Nachteile	Pro: Vorteile
Fehlender Blickkontakt	Konzentration aufs Hören
Mangel an Randgesprächen	Konzentration auf das Wesentliche
Verbinden mehrerer Termine auf einer Reisestrecke nicht möglich	Freiheit für die Planung anderer Termine = weniger Reisestress
Treffen an neutralem Ort, an dem alle gleichberechtigt wären	Jeder hat alles an seinem Platz parat
Technische Kosten für Anlage etc.	Wegfall von Reise- und Übernachtungskosten
Erhöhter Vorbereitungsaufwand	Verringerter Aufwand während des Meetings
Straffe(re) Moderation erforderlich	Straffe(re) Moderation wird erwartet
Mehr Personen, diverse Orte beteiligt	Weniger Personen insgesamt beteiligt
Störungsfreie Routinearbeiten auf der Reise nicht möglich	Deutlich weniger Zeit insgesamt benötigt (Reisen entfallen)
Ablenkungen nur teilweise erkennbar	Besser in andere Abläufe integrierbar
International: Zeitzonen erschweren die Koordination	International: Jetlag als Folge vieler Reisen wird vermieden
Stark ins normale Umfeld eingebunden	Alle erforderlichen Unterlagen verfügbar

TelCon: Ergänzung oder Ersatz persönlicher Treffen? Welche Kriterien sind für Sie und Ihr Unternehmen, für die Meetingteilnehmer wichtig, welche weniger entscheidend? Für Ihren Check gibt es das Blanko-Formular als Download auf der Verlagswebsite www.gabal-verlag.de unter „Effektiv telefonieren". Dort tragen Sie nach Ihrem persönlichen Eindruck Vor- und Nachteile ein; vielleicht erscheint Ihnen ein oben als Nachteil notierter Punkt durchaus als Vorteil? Ein Beispiel könnte „fehlender Blickkontakt" sein: Für manche Situation kann sich das als durchaus vorteilhaft erweisen. Je nach Ihren Ergebnissen werden Sie Telefonkonferenzen häufig als Ersatz oder nur gelegentlich als Ergänzung zu persönlichen Treffen einsetzen. Allgemein ist zu konstatieren:

Nur ein eher geringer Prozentsatz von Meetings ist derzeit aufs Telefon (resp. Video) zu verlagern. Die Tendenz ist allerdings steigend, was mit stetig verbesserter Technik zu tun hat. Das Telefon hilft zudem, persönliche Meetings effektiver zu gestalten. Bei Werner Siegert findet sich eine Checkliste für Telefonkonferenz-Moderatoren, die Sie hier abgewandelt, in Teilen wiedergegeben und ergänzt finden:

Profil eines Tele-Moderators
- Sicher im Umgang mit den einzusetzenden Medien
- Kenntnis der qualifizierten Anbieter verschiedener möglicher Telekonferenz-Medien
- Kompetenz in der Organisation dieser Medien
- Experte in technischen Prozeduren sowie bei technischen Problemen
- Versiert als Projektmanager: bereitet Konferenzthemen mediengerecht auf; informiert die Teilnehmer über Logins und testet ggf. mit ihnen
- Leiter mit klaren Regeln für die Kommunikation und das Durchsetzen derselben; beherrscht Zeitmanagement und kann mit Emotionen umgehen
- Moderator, möglichst gewandt und geübt mit Moderationen von persönlichen Treffen – die optimale Basis für die erschwerte Moderation per Telefon

Sobald eine erste Telefonkonferenz erfolgreich durchgeführt ist, legen sich mögliche Unsicherheiten und Ängste. Im Allgemeinen überwiegen die Vorteile so stark, dass der Ruf nach weiteren TelCons laut und deutlich vernehmbar sein wird.

TIPP: Initiieren Sie eine TelCon bei passender Gelegenheit

Sind Sie selbst vom Vorteil einer TelCon überzeugt, suchen Sie die passende Gelegenheit, eine solche ins Spiel zu bringen und durchzusetzen. Solche Chancen ergeben sich,

- wenn es wieder einmal schwierig ist, alle Teilnehmer für ein Meeting unter einen Hut zu bekommen,
- wenn sich herausstellt, dass Übernachtungen schwer zu kriegen sind (Messezeiten?),

▨ wenn die Vorbereitungszeit extrem kurz ist und die Teilnehmer wenig glücklich sind über ein kurzfristig einberufenes Meeting,
▨ wenn mehr Teilnehmer als üblich „aus aller Herren Länder" dazustoßen.

Sie sehen, es gibt eine Menge Anlässe, erstmalig eine TelCon einzusetzen!

Kommunikation in der TelCon

Stärker als in persönlichen Meetings sind Teilnehmer bei der Telefonkonferenz gefordert, aufmerksam zuzuhören. Auch stärker als in vielen anderen Telefonsituationen, weil hier mehrere Personen beteiligt sind. Entsprechend entsteht ein heilloses Durcheinander, wenn

▨ eine Person zu sprechen beginnt, während eine andere noch redet,
▨ zwei Personen gleichzeitig anfangen zu sprechen,
▨ Überkreuz-Diskussionen zwischen mehreren Gruppen à zwei oder auch mehr Personen entstehen, die zugleich reden.

Oberstes Gebot in der TelCon: Ausreden lassen

Daher sollte die Regel, eine Person ausreden zu lassen, immer beherzigt werden, zeitliche Vorgaben unterstützen das Ganze. Der Moderator steuert und fragt, wer zum Gesagten etwas beitragen möchte, und vergibt das Wort jeweils an eine Person. Ähnlich wie sonst in größeren Runden ein optisches Zeichen gegeben wird, empfiehlt sich ein akustisches Signal jener Person, die sich zu Wort melden möchte. Üblich ist es, den eigenen Namen zu nennen – je nach Konvention den Vor- oder Nachnamen. Ergänzend interessant ist ein „Knigge für Telefonkonferenzen", abzuleiten vom Knigge für Tele-Seminare, wie zum Beispiel von Dr. Hector Epelbaum aufgestellt, siehe S. 100.

Aktiv zuhören durch wiederholen

Und wie steht es mit dem „aktiven Zuhören"? Anders als bei Vis-à-vis-Verhandlungen kann das am Telefon ausschließlich durch Hörbares geschehen:

▨ Paralinguistische Signale und Ausrufe (Aah, soo, hmm …)
▨ Wiederholen (wörtlich oder paraphrasierend, also mit eigenen Worten)

Aktives Zuhören signalisiert dem Sprecher, dass aufmerksam und empathisch zugehört wird. Dafür steht bei Telefonkonferenzen das Wiederholen zur Verfügung. Würden die Teilnehmer viele Ausrufe einbringen, wäre das die perfekte Kakophonie! Es empfiehlt sich also, konzentriertes Zuhören durch Schweigen auszudrücken – und dadurch, dass störende Nebengeräusche unterbleiben.

TIPP: Mithilfe von Vorlagen auf das Wesentliche konzentrieren

Die Konzentration auf das Wesentliche unterstützen Sie, indem Sie Formulare für Planung, Durchführung und Dokumentation der Konferenz benutzen. Das können bereits vorhandene sein, oder Sie lassen sich von anderen anregen: Vorlagen für verschiedene Formen von Besprechungen finden Sie zum Beispiel auf der DVD *Effektives Besprechungsmanagement – 30-Minuten-Training* (Jünger TrainTools). Diese sind 1:1 für Ihre telefonischen Besprechungen einsetzbar. Mithilfe von 30-Minuten-Kurztrainings können Sie die jeweiligen Vorgehensweisen leicht in die Teilnehmerrunde einführen.

Behalten Sie die Gesprächsführung

Gerade in Fern-Gesprächen mit einer Gruppe tragen Sie entscheidend zur Zielerreichung bei, wenn Sie die vorgegebene Richtung mit starken Formulierungen beibehalten, ob als Moderator oder als aktiver Teilnehmer. Dazu einige Aspekte:

Thema	Schwache Formulierung	Starke Formulierung	Ihre Worte
Meinungen abfragen	„Eines unserer Themen ist ABC – wer möchte etwas dazu sagen?"	„Laut Agenda sprechen wir zunächst über ABC. Dazu liegt … vor. Welche Fragen oder Ergänzungen gibt es dazu?"	
Ergänzung	„Ich habe da noch einen Punkt vergessen …"	„Ich denke, folgenden Punkt sollten wir noch einbeziehen: …"	
Kurz, knapp und klar ausdrücken	„Wenn wir annehmen, dass Herr XYZ etwas dazu beitragen soll, die künftige Entwicklung zu beeinflussen, dann müssen wir in die Überlegung einbeziehen, dass soundso …"	„Wir sind uns einig: Herrn XYZ brauchen wir im Boot. Das heißt doch, auch soundso ist zu berücksichtigen, richtig?"	

Thema	Schwache Formulierung	Starke Formulierung	Ihre Worte
Missverständnisse ausschließen	„Also, das geht mir jetzt zu sehr durcheinander! Wir sollten jetzt mal auf den Punkt kommen …"	„Wenn ich richtig verstanden habe, dann sind wir auf folgendem Stand: …"	
Straff überleiten	„Jetzt haben wir eine Menge zum Thema ABC ausgetauscht; das sollte genügen. Kommen wir zu Punkt DEF …"	„Danke für die Beiträge! Lassen Sie uns zum nächsten Punkt kommen – oder gibt es Einspruch? Danke! Nun geht es …"	

…

Meine persönliche Erfahrung mit TelCons ist:

◼ Als Moderator neige ich dazu, am Telefon straffer zu leiten, während ich in Face-to-face-Konferenzen Diskussionen schon mal laufen lasse.

◼ Die Teilnehmer einer Telefonrunde akzeptieren wohlwollender von mir deutliche Signale im Sinne von „Fasse dich kurz!" und setzen diese um.

◼ In reiner Ergebnisorientierung sind TelCons deutlich effizienter. Geht es um Meinungsbildung, ziehe ich persönliche Runden vor: Dort kommen Zwischentöne besser zur Geltung.

Meetings per Telefon vor- und nachbereiten

Eine Telefonkonferenz als Ersatz für ein persönliches Treffen anzuberaumen, ist nur eine Facette, das Telefon als Tool für „Eff-Eff-Meetings" einzusetzen, um diese effektiver und effizienter zu machen. Lassen Sie uns aus Politik und Diplomatie aufgreifen, wie das Telefon dort schon lange genutzt wird, das eigentliche Meeting zielgerecht, kurz und knapp zu gestalten:

◼ Die Sherpas (also Zuträger und Vorbereiter) stimmen untereinander telefonisch ab, wie vorzugehen ist.

◼ Häufig werden Streitpunkte im Vorfeld verhandelt, sodass unterschriftsreife Vorlagen zum Meeting zur Verfügung stehen.

▨ Regierungschefs ersetzen manches Meeting durch bilaterale Telefonate – und räumen darin Missverständnisse aus. In der Kuba-Krise etwa wurde vielleicht sogar ein Weltkrieg durch Telefonate zwischen den damaligen Supermächten USA und UdSSR verhindert.

▨ Geht es um Abstimmungen, etwa im EU-Parlament, versuchen Meinungsträger häufig, andere Delegierte per Telefon noch „ins Boot zu holen", um eine Mehrheit in ihrem Sinne zu schaffen.

Sie erkennen die Analogie zum Vorgehen in und zwischen Unternehmen – oder zwischen Unternehmen und politischen Institutionen. Die Begriffe sind andere (Assistenten, Vorstand, Konkurrent, Verband …), das Vorgehen ist das gleiche.

Zur Nachbereitung von Meetings gehört es unbedingt,

▨ weitere Kontakte zu informieren, die nicht teilnehmen konnten, aus welchen Gründen auch immer (Hierarchie, Krankheit, Entfernung, außerhalb der Gruppe …),

▨ Vorgesetzte / Auftraggeber über Ergebnisse sofort in Kenntnis zu setzen – Rechtsanwälte ihre Mandanten, Minister ihre Regierungschefs,

▨ Mitarbeiter zu informieren, die sich weit entfernt bereits um die Umsetzung der Ergebnisse kümmern sollen, während der Chef noch unterwegs ist.

Pareto-Prinzip in der TelCon?

Die bekannte Pareto-Regel begegnet uns beispielsweise in der Aussage „80 Prozent Umsatz machen wir mit nur 20 Prozent unserer Kunden" oder „80 Prozent unseres Gewinns stammen aus 20 Prozent der Produktpalette". Eine kleinere Menge mit hohen Werten trägt also mehr zum Gesamtwert bei als die größere Menge. Ähnliches wird von Projektmanagern und Führungskräften behauptet, bezogen auf die Effektivität und Effizienz ihrer (Projekt-)Mitarbeiter sowie von Meetings: In 20 Prozent der Zeit würden 80 Prozent der Entscheidungen getroffen, der Rest sei im Grunde verlorene Zeit. Abgesehen davon, dass oftmals Geschehnisse und der Gedankenaustausch am Rande einer Veranstaltung erheblich zu deren Er-

Strikte Moderation macht TelCons erfolgreich

folg beitragen, kann die strikte Moderation des Meetings dieses Verhältnis deutlich verändern. Im Besonderen gilt das für die Telefonkonferenz. Gesetzt den Fall, es seien tatsächlich nur 15 bis 20 Prozent einer Tätigkeit „erfolgskritisch", wie es das Autorenteam Liker/Meier in *Toyota Talent* schreibt (FinanzBuch Verlag), dann können Sie als Moderator einer TelCon entscheidenden Einfluss darauf nehmen. Reduzieren Sie den 80-Prozent-Anteil der Diskussion folgendermaßen:

- Konzentrieren Sie sich und die anderen Gesprächsteilnehmer auf den entscheidenden Teil der Kommunikation: „Behalten Sie bitte immer in Gedanken, dass unser heutiges Thema ABC ist! Wenn jemand einmal abschweifen sollte, ist es O. K. für Sie, wenn ich ignoriere, was uns heute nicht weiterführt? Danke – und die anderen Teilnehmer dann bitte entsprechend!"
- Überhören Sie bewusst die „Verpackung", indem Sie darauf verzichten, Nebentönen oder -bemerkungen in jedem Fall zu folgen: „Wer möchte etwas zu ABC sagen?" (während DEF, GHI usw. außen vor bleiben)
- Pointieren Sie für die Gesprächsrunde, etwa durch das Zusammenfassen des Grundgedankens, der weitergeführt werden sollte: „Kurz gefasst, geht es also vor allem um …"
- Weisen Sie explizit auf den Fokus hin, wenn Sie einem weiteren Gesprächsteilnehmer das Wort erteilen: „Ja, Herr XYZ – bitte gehen Sie in Ihrem Beitrag gezielt auf … ein!" oder „Gerne, Herr XYZ – ich darf davon ausgehen, dass Sie sich auf … beziehen?! Danke!"
- Heben Sie hervor, dass die anderen Gedanken eines Diskutanden zu anderer Gelegenheit aufzugreifen seien: „… wird dann ins Spiel kommen, einverstanden, Herr/Frau ABC? Danke!"

Bildtelefon und Videokonferenz

Preiswerte Videokonferenzen via Internet

Seit Jahrzehnten schon ist die Technologie für Videokonferenzen verfügbar, aus Kostengründen hat sie sich bis dato aber nicht durchgesetzt. Jetzt könnte der Durchbruch via Internet-Telefonie gelingen (siehe Tool 18, VoIP). WebCams werden eingesetzt und durch TelCon-Software unterstützt. Diese gegenüber einer klassischen Videokonferenz deutlich preiswerteren Formen erleichtern jenen Teilnehmern die Kommunikation per TelCon, für die es gefühlsmäßig wichtig ist, mit den anderen zusammen „in einem Raum" zu sein. Einander sehen, Einfluss nehmen durch Körpersprache – das ermöglicht der Einsatz einer Kamera. Über den aktuellen Stand von Videokonferenz-Tools bzw. professionellen Anbietern informieren Sie sich bitte über Suchmaschinen: Die technische Entwicklung ist rasant, die Kosten sinken rapide bei gleichzeitig wachsender Qualität von Übertragung und Darstellung.

Telefonkonferenz konkret planen

Orientieren Sie sich (oder bitten Sie die zuständige Person darum) auch dafür an aktuellen Angeboten via Suchmaschinen im Internet. Der Anbieter mit der längsten Erfahrung auf diesem Gebiet ist aufgrund des langjährigen Monopols die Deutsche Telekom (T-Com), jedenfalls für den deutschen Raum. Die zum Zeitpunkt des Redaktionsschlusses zuständige Stelle für dieses Thema ist:

Deutsche Telekom AG
T-Com Audio Conferencing
Danziger Platz 12
60314 Frankfurt/Main
Fon 01802-016133, Fax 01802-016233
Telefonkonferenz@telekom.de
www.T-Com.de/telefonkonferenz

Nach getroffener Vereinbarung erhalten Sie eine Bestätigung, üblicherweise per E-Mail, etwa folgenden Inhalts:
Sehr geehrt …, wir bedanken uns für Ihren Auftrag.
Wir haben am … von … bis … Uhr … Leitungen für Sie reserviert.
Die Zugangstelefonnummer lautet: 069/27113800.
Für alle Teilnehmer (Moderator und Teilnehmer) gilt der Code: 99999#.
Sollten Sie während der Konferenz Hilfe benötigen, drücken Sie bitte *0
oder wählen Sie unsere Servicenummer 01802-016133.
Mit freundlichen Grüßen
Ihr Konferenzteam

Übertragungs-
verzögerungen
bei der
Moderation be-
rücksichtigen

Jeder Teilnehmer wählt sich aktiv ein, wird zur Codeeingabe aufgefordert, ist dann „im Raum" und meldet sich mit seinem Namen.
Sobald alle Teilnehmer ihre Anwesenheit bestätigt haben, beginnt
die TelCon. Bei internationalen TelCons via Satellit sind dabei Über-
tragungsverzögerungen von Sekunden durchaus üblich, was sich
deutlich bemerkbar macht und in der Gesprächsführung zu berücksichtigen ist. Sie erleben das zum Beispiel im Fernsehen, wenn
Korrespondenten live via Satellit zugeschaltet werden.

Abgerechnet wird die Konferenz im Regelfall über einen Telefon-
anschluss für alle Beteiligten. TelCons über Internet-Telefonie können deutlich günstiger sein, wenn viele oder sogar alle Teilnehmer
über ein Netz geschaltet werden (via Provider wie zum Beispiel
Jajah oder Skype).

Fazit: Telefonkonferenzen als Alternative zum persönlichen Meeting machen sich in vielfacher Hinsicht bezahlt: TelCons diszipli-
nieren die Teilnehmer, erhöhen die Konzentration auf das thema-
tisch Wesentliche und realisieren einen Effektivitätsgewinn. Zudem
wird viel Geld gespart, etwa Reise-, Übernachtungs-, Verköstigungs-
und Veranstaltungskosten. Viel Zeit (und damit erneut indirekt
Geld) wird zudem gespart, wenn Teilnehmer andernfalls von weit
her anreisen müssten. Da Sie mit der Entscheidung für eine TelCon
auf die positiven Aspekte eines persönlichen Treffens verzichten,
bietet sich ein Mix aus abwechselnd „normaler" Konferenz und
einer solchen per Telefon an, je nach Anlass. Eine Zwischenform
stellt die Videokonferenz dar, die allerdings heute meist noch deutlich teurer als eine TelCon kalkuliert werden muss.

Tool 5: Coaching / Führung per Telefon

Elektronische
Tools verändern
das Führungs-
verhalten

Mit der zunehmenden Verbreitung virtueller Teams und der Aus-
weitung der unternehmensinternen Kommunikation via elektronischer Medien schwillt die (Ratgeber-)Literatur zur Frage des
Führens/Coachens von Mitarbeitern per Telefon an (z. B.
v. Heimburg/Radisch, *Virtuelle Teams erfolgreich führen*; Kon-
radt/Hertel, *Management virtueller Teams*). In letzter Zeit geraten
besonders Führungskräfte in den Fokus, da diese immer mehr

unterwegs sind und den Blackberry und ähnliche elektronische Tools für sich entdeckt haben. Neben dem Gadget-Charakter („Spielzeuge für moderne, erfolgreiche Manager") haben sie die Kommunikation und gerade das Führen von Mitarbeitern verändert. Die Empirie zeigt unter anderem, dass neben der SMS- immerhin die Telefonfunktion der mobilen Geräte dafür genutzt wird, im Gespräch zu bleiben, das Erreichen des Auftrags zu begleiten und auch ansprechbar zu sein, wenn es um Probleme geht. Im engeren Sinne geht es also darum, zu coachen bzw. gecoacht zu werden.

Ein weiterer aktueller Aspekt im Umgang mit mobilen Kommunikationsmedien ist die ständige Verfügbarkeit der Mitarbeiter, einschließlich der Folgen für die Leistungsfähigkeit und die populäre Work-Life-Balance. Begriffe wie „Extremjobber" (siehe zum Beispiel den *SZ*-Artikel *Ein Leben für Arbeit* vom 08.01.2008) bezeichnen Personen, die Tag und Nacht insbesondere telefonisch erreichbar sein sollten, ob abends, am Wochenende oder im Urlaub. Die *SZ* zitiert aus einem *ManagerMagazin*-Blog eine Extremjobberin, die als Führungskraft für sich entschieden hat, einige Zeit durchzuhalten: „…arbeite ich jeden Tag mindestens 14 bis 15 Stunden, muss permanent auf Handy und Blackberry erreichbar sein. Ich finde es okay, dies für einige Jahre zu machen … Auf der anderen Seite ist es langfristig mit einem vernünftigen Privatleben nicht vereinbar." Dieses Zitat belegt eindrucksvoll, wie relevant das Telefon im Arbeitsalltag ist, und auch, dass es in seiner mobilen Variante maßgeblich dazu beiträgt, die Betroffenen langfristig zu überfordern.

Immer erreichbar?

Im Folgenden werden einzelne Bereiche skizziert, die beim Führen per Telefon eine inzwischen alltägliche Rolle spielen. Sie erhalten zusätzlich einige Hinweise, wie Sie telefonische Führungs-Kommunikation effektiv gestalten und Ihr Ohr am Puls der Mitarbeiter halten können.

Telearbeit

Schon in den 1980er Jahren wurde das Thema diskutiert, etwa im Zusammenhang mit der Teilzeitarbeit von Müttern in der (heute so genannten) Elternzeit. Doch auch in den 1990er Jahren hat sich kaum eine „Kultur der Telearbeit" entwickelt. Inzwischen scheint sich das zu ändern. So berichtete die *SZ* im Dezember 2007:

Der passende Führungsstil ist ziel- und ergebnisorientiert

- Knapp jedes fünfte Unternehmen in Deutschland bietet Telearbeitsplätze.
- Diese Zahl hat sich zwischen 2003 und 2006 mehr als verdoppelt.
- Die Kosten für Telefon und EDV sind zwischenzeitlich fast zu vernachlässigen.
- Die Sicherheit der Daten ist besser gewährleistet.

Hier sind augenscheinlich Barrieren eingerissen. Nach wie vor gibt es allerdings Vorbehalte, eben weil ein anderer Führungsstil erforderlich ist. Dieser führt weg von der reinen Anwesenheitskontrolle hin zu einer Ziel- und Ergebnisorientierung, wobei stark auf den Informationsfluss in jeglicher Richtung geachtet werden muss. Genauso wichtig ist das Geben und Abfragen eines Feedbacks. Insgesamt profitieren davon aber alle Beteiligten: Die Mitarbeiter freuen sich über Zeitsouveränität und Flexibilität, während sich für das Unternehmen effizientere Abläufe und eine höhere Produktivität positiv auswirken.

Unified Communications

Unter Unified Communications verstehen sich alle Kommunikationskanäle zusammengefasst. Sie spielen bei Telearbeitern genauso eine Rolle wie bei vielen Mitarbeitern in Web-affinen Unternehmen, darunter vor allem bei Millennials, den Mitarbeitern der Geburtsjahrgänge 1980 bis 1990. Die *Computerwoche* (*Cowo*) widmete diesem Thema unter dem Titel *Voice over IP ist erst der Anfang* im Januar 2008 einen ausführlichen Artikel: Zu diesem Zeitpunkt nutzten bereits mehr als 50 Prozent dieser Zielgruppe, die die Kommunikation der kommenden Jahre und Jahrzehnte entscheidend mitprägen werden, Instant Messaging (IM). „Die jungen Leute verwenden IM in der Regel als schnelles und formloses Kommunikationsmittel, um kurze Nachrichten auszutauschen. In einer geschäftlichen Telefonkonferenz kann so eine kurze Rückfrage gestellt werden, ohne dass die anderen Teilnehmer hiervon etwas erfahren."

Nutzen Sie alle Kommunikationskanäle

Diese Nutzung aller möglichen Kanäle hilft, eine Menge Zeit zu sparen. Denn laut der Recherche der *Cowo* erreichen bis zu 60 Prozent aller Telefonanrufe in Unternehmen im ersten Versuch nicht ihren gewünschten Teilnehmer, es werden also mindestens zwei Versuche benötigt. Aufgrund dieser Erfahrungen könnte es sich speziell bei dieser Zielgruppe anbieten, das System C-M-C (Call-Mail-Call, siehe Tool 9) zu durchbrechen und stattdessen zunächst auf einem anderen elektronischen Weg Kontakt aufzunehmen. Ziel der E-Mail oder einer IM ist es dann, einen Termin für eine Sprechverbindung zu vereinbaren. Mehr und mehr wird auch Text-to-Speech-Konvertierung angewandt, womit der Empfänger sich seine E-Mails vorlesen lassen kann. Die Übergänge zwischen Text- und Audiodateien werden somit fließend. Diese Konvergenz verschiedenster Kommunikationswege hat eine weitere Konsequenz:

Handy-Knigge

In früheren Zeiten konnte sich der Anrufer ein Bild davon machen, in welcher Situation er seinen Telefonpartner erreicht – und umgekehrt. Davon kann heute kaum mehr die Rede sein, denn Anrufe können weitergeleitet auf einem anderen Festnetzapparat landen oder auf einem mobilen Anschluss. Die 0700-Nummern der T-Com ermöglichen seit längerer Zeit, je nach Anwesenheit an einem von vielen Orten direkt dort erreicht werden zu können, und immer unter derselben Nummer. Mehr und mehr Mobilfunk-Anbieter verknüpfen gar Handy- mit Festnetznummern. Als Anrufer müssen Sie sich also darauf einstellen, gar nicht mehr einschätzen zu können, wo und unter welchen Umständen Sie Ihren Gesprächspartner erreichen. Allgemeingültige Regeln im Sinne eines Handy-Knigge erleichtern dabei allen Beteiligten den Umgang miteinander.

Mind your mobile manners lautete die Überschrift zu einem Artikel der Rubrik *on the line* in *Business Spotlight* 1/2008. Die dort von Ken Taylor aufgestellten Benimmregeln gelten international und dürfen durchaus auch national angewandt werden:

Mind your mobile manners

1. *Confidentially*: Quasi automatisch verdoppeln wir unsere Lautstärke am Handy gegenüber Gesprächen „face to face". Das hat mit Umgebungsgeräuschen zu tun und auch damit, dass das Gefühl eines „Fern"-Gesprächs außerhalb des Büros – bzw. eines geschlossenen Raumes – verstärkt wird. Und da manche Inhalte eines Telefonats eher „confidentially" sind, empfiehlt sich ein entsprechender Tipp, wie etwa „… bin gerade im Zug – der ist sehr voll, ich werde mich also kurz halten!"

2. *Receiving a call*: Sind Sie gerade im Gespräch, gehört es zum guten Ton, die Erlaubnis fürs Entgegennehmen eines „incoming call" einzuholen – und danach (!) um Entschuldigung zu bitten.
3. *Calls in international meetings*: Gleich zu Beginn des Meetings sollte das Thema geklärt werden – entweder als Frage: „Wie wollen wir es mit Telefonaten halten?" oder als klare Vorgabe: „Im Sinne ungestörter Kommunikation sollten Handys auf „still" geschaltet sein!". Wer einen dringenden Anruf erwartet, kündigt dies an – und verlässt den Raum für die Dauer des Gesprächs, sobald es eintrifft.

Wer als Führungskraft ins Unternehmen hinein anruft, um Mitarbeitenden Informationen zu geben oder welche von ihnen zu erhalten, sollte in seinem Verhalten möglichst die Situation eines Telefonats mit einem Dritten spiegeln. Zu den Regeln der Höflichkeit im Sinne reibungslosen Arbeitens gehört es,

▨ zu fragen, ob der Anruf gerade passe – und sei es nur als höfliche Floskel,
▨ zu erinnern, wo „man" sich gerade aufhalte, weil das Einfluss auf den Gesprächsstil haben kann, siehe oben,
▨ sofort das Thema zu definieren, damit der andere sich gleich einnorden kann.

Als Anrufer sollte Ihnen daran gelegen sein, eine gute Atmosphäre zu erzeugen, diese trägt nämlich erheblich zum raschen Erfolg des Gesprächs bei!

Vermeiden Sie Negationen

Kein gedankenloses „Nein"

Wenn das nicht immer möglich sein sollte, setzen Sie sie nur gezielt und bewusst ein! Das „Nein" in allen seinen Spielarten nimmt erheblichen Einfluss auf unsere mentale Einstellung – entsprechend auch die Negationen der Führungskraft auf den Mitarbeiter am Telefon. Lassen wir beiseite, dass es unumgängliche „Neins" gibt, die klar artikuliert werden sollten, zum Beispiel, wenn es um einen raschen Entscheid geht. Doch meistens werden die verschiedenen Varianten von „Nein" gedankenlos eingesetzt und wirken folglich in einer unerwarteten Weise. Machen Sie sich bewusst, dass zu den Formen des „Neins" Wörter mit „un-" als verneinender Vorsilbe

und Wörter mit „-los" als entsprechender Nachsilbe gehören! Hier
eine kleine Sammlung von Verneinungen, um Sie auf das Thema
weiter einzustimmen:

- nein, kein; keinesfalls, keineswegs; kein Gedanke
- nie, niemals; nie wieder
- nirgends, nirgendwo; nirgendwohin
- nicht, nichts; nichtssagend, nichtswürdig
- Wörter mit un- oder -los; undenkbar, unbedingt, unrealistisch,
  unlogisch, ungünstig, wertlos
- kein Problem, keine Frage
- leider (nicht)

Tatsächlich werden Negationen sogar in Werbeslogans verarbeitet, **Verwenden Sie**
siehe die künstliche Wortbildung „unkaputtbar" oder „Nichts ist **affirmative**
unmöglich" – wie viel affirmativer wäre „Alles ist möglich"! Natür- **Formulierungen**
lich sind das grammatisch korrekte Formen, die zu syntaktisch wohl
geformten Sätzen führen. Und natürlich tragen sie dazu bei, Nuan-
cen besser ausdrücken zu können: „Das ist ungenau formuliert" hat
eine andere Tonalität als „Diese Formulierung ist falsch!". Dennoch
gilt generell für Negationen:

- Sie stimmen den Hörer mental negativ – und veranlassen ihn zu
  eigener eher negativer Antwort.
- Sie signalisieren eine negative Haltung des Sprechers – und verstärken sie innerlich in ihm.
- Sie beeinflussen die Gesprächsatmosphäre insgesamt eher negativ – und erschweren den zielgerechten Gesprächsfluss.

Wohl gemerkt, Negationen schlichtweg ausklammern zu wollen,
wäre übertrieben. Sich ein Telefonat hindurch sorgsam zu kontrol-
lieren, um unbedingt sämtliche Negationen wegzulassen, grenzt an
Energieverschwendung. Vermeiden Sie jedoch das „Nein" immer
dann, wenn eine positive Redewendung nahe liegt und Sie definitiv
dabei unterstützt, Ihre Ziele zu erreichen. Ihre Ziele, die mit denen
Ihres Gesprächspartners übereinstimmen, in diesem Kapitel mit
Ihrem Mitarbeiter am Telefon. Für gelegentliches Experimentieren
finden Sie hier eine Tabelle mit Beispielen und jeweils zwei Ab-
wandlungen.

Negationen positivieren – oder zumindest neutralisieren

Negativ-Formulierung „–"	Positiv-Formulierung „+"	Neutral-Formulierung „o"
„Nein, das kommt so keinesfalls infrage!"	„Was halten Sie von folgender Variante: …?"	„Wie könnte das anders lauten statt …?"
„So führt kein Weg dahin."	„Wie könnten wir anders vorgehen?"	„Aha, das klingt ja interessant!"
„So was Unlogisches habe ich ja noch nie gehört!"	„Hmm – wenn Sie weiter überlegen …"	„Damit kann ich jetzt weniger anfangen."
„Da gehen wir doch gar kein Risiko ein!"	„Damit gewinnen wir eine zusätzliche Chance."	„Das scheint mir frei von jeglichem Risiko."
„Das meinen Sie doch nicht ernst?!"	„Verstehe ich Sie da richtig: Über … müssen wir noch sprechen?"	„Das macht mich jetzt etwas stutzig."
„Das ist kein Problem!"	„Das kriegen wir natürlich in jedem Fall hin!"	„Das geht in Ordnung" – „Das ist so weit O.K."
„So geht das unmöglich – das ist wirklich ein Unding"	„Bitte prüfen Sie folgende Alternative: …"	„Haben Sie dabei Pro und Kontra gut abgewogen?"
„Das haben wir noch nie so gemacht!"	„Ginge das auf eine andere Weise?"	„Hmm, so ist das jetzt neu für mich …"
„Damit kann ich nichts anfangen."	„Was genau meinen Sie damit?"	„Erklären Sie mir das bitte Schritt für Schritt!"
„Da kann ich leider nicht weiterhelfen!"	„Wie könnte ICH Ihnen denn weiterhelfen?"	„Da muss ich sehen, wer Ihnen helfen könnte …"

…

Wählen Sie nun zu den Beispiel-Negativsätzen eine Formulierung, die Ihnen behagt. Passen Sie eine Ihrer Redeweise an oder finden Sie eine völlig neue mit Ihren eigenen Worten – so, „wie Ihnen der Schnabel gewachsen ist".

Negativ-Formulierung „–"	Zu Ihnen passende Formulierung „+/o"
„Nein, das kommt so keinesfalls infrage!"	
„So führt kein Weg dahin."	
„So was Unlogisches habe ich ja noch nie gehört!"	
„Da gehen wir doch gar kein Risiko ein."	
„Das meinen Sie doch nicht ernst?!"	
„Das ist kein Problem!"	
„Das haben wir noch nie so gemacht!"	
„So geht das unmöglich – das ist wirklich ein Unding!"	
„Da kann ich leider nicht weiterhelfen!"	
„Damit kann ich nichts anfangen."	

…

Entscheidend in der Mitarbeiterführung wie im Verkauf per Telefon ist es, Negationen des Gesprächspartners zu umschiffen, anstatt sie durch Spiegeln zu verstärken. Häufig passiert es wie im folgenden Beispiel, dass Wiederholen den Nein-Sager bestätigt: „Die Variante XYZ kommt für Sie also keinesfalls infrage?" oder „Oh, Sie wollen ABC nicht kaufen, weil es zu teuer ist für Sie …" oder „Aha, also keine Chance, den vereinbarten Termin zu schaffen, Sie kriegen das nicht hin!". In diesen Fällen kann konstruktive Kritik weiterhelfen. Die folgenden Varianten, hier mit dem Ausgangspunkt, wie ihn der Gesprächspartner (Kunde, Mitarbeiter, …) formuliert hat, mögen Sie inspirieren:

Negativ-Formulierungen auffangen

Negativ-Formulierung …	… wird aufgefangen	Wie formulieren Sie?
„Nein, die Variante XYZ kommt für mich keinesfalls infrage – die passt überhaupt nicht!"	„Ach so – was konkret weicht bei Variante XYZ denn von dem ab, was Sie bräuchten?"	
„ABC heißt das, nicht? Das ist viel zu teuer, kaufe ich bestimmt nicht!"	„Hmm, ABC kommt für Sie weniger infrage, wegen des Preises. Welche Investition schwebt Ihnen denn vor?"	
„Wo denken Sie hin – den Termin schaffen wir definitiv NICHT, das kriege ist nicht hin!"	„Wird also eng mit dem Termin? Was müssten Sie ändern, damit Sie es rechtzeitig schaffen?"	
„Kein Interesse – kein Bedarf!" – „Keine Chance"	„Weniger Interesse, weil der Bedarf dafür fehlt, verstehe ich das richtig? Woran machen Sie das fest, darf ich fragen?"	
„Nein, dazu gibt es nichts Neues …"	„Ooh, hat sich wenig getan? Lassen Sie uns sehen: Offen ist noch …"	
„Keineswegs bin ich dieser Meinung – und schon gleich gar nicht …"	„Verstehe – wo konkret weichen wir denn voneinander ab?"	
…		
…		

Behördensprache vermeiden

Die deutsche Sprache kennt viele Formen der Negation – und wir wenden sie gerne an. Immer wieder stoßen wir in der Behördensprache darauf: „Rasen nicht betreten" oder auch „Betreten verboten" – statt „Nur Gehwege benutzen", wenn schon nötig. Besonders nett fand ich diesen Hinweis in einem Sportstudio: „Nicht ohne Turnschuhe betreten" – wie wäre es denn mit „Nur mit Turnschuhen betreten"? Kinder hören oft ein „Mach bloß nicht dies und das!". Solche Ausdrücke lassen sich leicht ins Positive wenden, à la „Mach bitte nur …". Das ist auch insofern klüger, als unser Gehirn affirmativ-positive Formulierungen schneller versteht.

Die „Ja-Straße"

Wer seinen Mitarbeiter situativ „an der kurzen Leine" führen möchte und dabei striktes, direktives Anweisen vermeiden will, kann geschickt eine „Ja-Straße" erzeugen. Er stellt dabei ausschließlich schließende Fragen und gelangt in kürzester Zeit ans Ziel, statt in langwieriger Diskussion zum Konsens zu kommen. Lesen Sie dieses Beispiel:

„Grüße Sie, Herr ABC! Sie haben sich die Zeit jetzt frei gehalten?" – „Ja."
„Dann können wir jetzt ungestört sprechen?" – „Ja …"
„Wir hatten ja vereinbart, dass … – bleibt es dabei?" – „Ja!"
„Schön, wenn ich den Projektplan anschaue, müssten die Unterlagen für … parat liegen?" – „Nun ja …"
„Sie sorgen dafür, dass ich … auf dem Schreibtisch habe, wenn ich heute Abend nochmals kurz ins Büro komme?" – „O. K."
„Ja, dann kann ich sie also mitnehmen?" – „Ja."

Suggestiv
ans Ziel kommen

Wahrscheinlich fällt sofort ins Auge, dass derartige Gespräche nur ausnahmsweise geführt werden sollten. Für einen Dauereinsatz eignet sich die Ja-Straße nicht, weil sie

▨ den Gesprächspartner zum Ja zwingt, geradezu suggestiv ist,
▨ eine Einbahnstraße darstellt – Abweichen oder Umkehren ist unmöglich,
▨ nur ein Schein-Dialog ist: Im Grunde redet nur eine Person …
▨ einmalig (oder in großen Abständen) vom Gesprächspartner akzeptiert wird, bei rascher Wiederholung jedoch starke Abwehr erzeugt und nur zum Durchsetzen der eigenen Meinung bzw. eigener Ziele geeignet ist.

Aus diesen Gründen stelle ich diese Vorgehensweise bewusst hier vor, statt sie bei den Akquise-Themen zu platzieren.

Externer Coach im Einsatz per Telefon

Ein neuer Trend innerhalb des externen Coaching ist das Tele-Coaching. Manche Coaches nutzen dabei das Telefon ausschließlich, andere setzen es als zusätzliches Medium im Verlauf eines Coaching mit persönlichen Sitzungen ein. Die besondere Heraus-

Neuer Trend
mit besonderer
Herausforderung

forderung im Rahmen eines Tele-Coaching ähnelt der Ihnen bekannten Situationen, wenn Sie einen Kunden am anderen Ende des Kabels haben. Es geht also darum, viel-sinnig anzusprechen, empathisch zu sein, aufmerksam hinzuhören, „hinter" das Gesagte zu hören, nonverbale Signale zu erfassen, zielbezogen zu fragen und das Gespräch zu moderieren. Diese Anforderungen stellen sich insbesondere dann, wenn Coach und Klient Problematisches besprechen und gemeinsam analysieren. In der Praxis zeigt sich, dass das telefonische Gespräch weniger komplizierten Anliegen gilt. Es wird vor allem eingesetzt, wenn es um Rückblicke, neuerdings Erlebtes, das Aushandeln aktueller Gesprächsthemen und der Vereinbarung bis zum nächsten Telefonat oder Treffen geht. Darauf beziehen sich die folgenden beispielhaften Formulierungen, die übrigens auch für das Führen per Telefon durch eine interne Führungskraft oder beim Moderieren einer Telefonkonferenz eingesetzt werden können.

Gesprächsführung vonseiten des Coaches:

Phase	Stichwort	Formulierung
Rückblick 1: Das vorige Mal …	Besprochen	„Frau XYZ, was haben Sie von dem, was wir in unserem letzten Gespräch thematisiert haben, weiter verfolgt?"
	Vereinbart	„Wir hatten verabredet, dass Sie das-und-das im Team-Meeting umsetzen. Wie ist es Ihnen damit ergangen?"
Rückblick 2: Inzwischen geschehen …	Erledigt	„Lassen Sie uns bitte die Ziele anschauen, die wir bei unserer ersten Sitzung formuliert haben. Zunächst: Welche davon halten Sie jetzt für erfüllt, nach 00 Wochen?"
	Zusätzlich dazu	„Gratulation, Herr ABC! Das Vorhaben 00 haben Sie damit ja sogar übererfüllt!! Was könnten wir vereinbaren, was Sie zusätzlich tun, um sich dem Zielhorizont ´Mich offensiv an Konflikte heranwagen´ noch einen Schritt weiter zu nähern?"
Planung für heute 1: Generell	Bezug nehmen	„Am Schluss unseres letzten Telefonats, Frau XYZ, einigten wir uns darauf, heute folgende Themen zu skizzieren: …"
	Neu dazu	„Ich entnehme Ihrem Kommentar, dass Sie gern heute noch Ihr frisches Konflikterlebnis auf der Messe behandeln möchten? Gern: Womit wollen wir beginnen?"

Phase	Stichwort	Formulierung
Planung für heute 2: Inhalt konkret	Thema 1	„Oha! Da ist Ihnen ja etwas ganz Besonderes passiert! Möchten Sie, dass wir mit dieser ʼBeleidigungʼ starten und uns Zeit nehmen, das Geschehen, Ihre Wahrnehmung und Reaktion aus verschiedenen Perspektiven anzuschauen?"
	Thema 2	„Erinnern Sie sich an unseren Einstieg von vor 5 Wochen? Wie denken Sie heute darüber und wie erleben Sie es, wenn Sie sich hören, wie Sie damals sagten: ‚Ich bin dermaßen schüchtern, dass ich während eines Gesprächs mein Gegenüber kaum anzuschauen wageʼ?"
	Thema 3	„… das können wir gern tun. Um Ihren Wunsch zu erfüllen und die Imaginationsreise zu unternehmen, bitte ich Sie – wie damals in unserer Sitzung – sich so zu setzen oder zu legen, dass Sie sich entspannt und bequem fühlen. Wenn Sie mögen, nehmen Sie Ihr Headset … Alles klar? Dann lassen Sie uns starten …"
Ausblick	Zusammenfassung	„… Ist es für Sie gut für heute? (Ja.) Gut, dann bitte ich Sie, aus Ihrer Sicht zusammenzutragen, was wir heute besprochen haben. Danach werde ich es tun, so dass wir überprüfen können, wo wir übereinstimmen und in Bezug auf was wir noch eine Pendenz haben."
	Commitment	„Danke Ihnen für Ihre Offenheit, Frau X! Dann bleibt uns für heute noch, festzulegen, was Sie verbindlich probieren werden, bis wir uns wieder sprechen."
	Termin vereinbaren	„Damit sind für heute am Ende unseres Gesprächs. Danke Ihnen! Wann wollen wir uns wieder sprechen und wie: telefonisch oder persönlich?"

Diese Beispiele verdanke ich Dr. Regina Mahlmann, die vergleichsweise viele Führungskräfte-Coachings auch per Telefon durchführt, abwechselnd mit persönlichen Gesprächen (www.dr-mahlmann.de).

Besonders nahe liegend ist das Coaching per Telefon, wenn es darum geht, die Kommunikation per Ferngespräch zu optimieren. Ähnlich dem oben zitierten Beispiel setze ich selbst kurze Coaching-Telefonate zwischen den Intervall-Trainings für diverse Service-Center-Teams ein, sei es bei Verkäufern oder Inbound-Teams. Auf diese Weise nehme ich Veränderungen schneller wahr und kann sofort reagieren, bevor sich Verhaltensweisen festigen, die nicht gewollt sind.

Recruiting: Finden Sie Ihre Mitarbeiter mithilfe des Telefons

Vom Karriere-Campus bis hin zur Online-Community gibt es vielfältige Möglichkeiten, neue Mitarbeiter zu finden, die gut zum Unternehmen passen. In jedem Fall aber spielen Telefonate eine Rolle. Überlegen Sie, wie Sie vor einem persönlichen Treffen oder ergänzend dazu mehr über potenzielle Kandidaten erfahren können. Sie finden hier zwei Beispiele mit Auszügen aus einem möglichen Fragenkatalog, angelehnt an die übliche Praxis:

Bewerber-Interview „Telefon-Verkauf"

Hier geht es um eine freie Tätigkeit mit eigenem Arbeitsplatz zuhause:

Wie kommt Ihr Bewerber per Telefon an?

„Würden Sie sagen, Sie sind gerne telefonisch mit anderen Menschen in Kontakt?"

„Wie ist Ihre familiäre Situation – zu welchen Tageszeiten könnten Sie von zu Hause aus ungestört telefonieren?"

„Welche Erfahrung haben Sie denn mit professionellem Telefonieren?"

„Was sagt Ihnen der Titel …?"

„Verfügen Sie über anderweitige Verkaufserfahrungen? Welche konkret?"

„Haben Sie bereits eine selbstständige Tätigkeit ausgeübt? Wie ist es Ihnen damit ergangen? Verfügen Sie über einen Gewerbeschein?"

„Wäre dies Ihre Haupteinnahmequelle? Wie kommen Sie mit unregelmäßigen Provisionseinnahmen zurecht?"

„Wie würden Sie Ihr Kommen zum 14-tägigen Meeting organisieren? Mit welchen Verkehrsmitteln sind Sie unterwegs?"

„Welche Fragen haben Sie an mich?"

Das Telefon-Interview ist für diese Tätigkeit wichtiger als das persönliche Kennenlernen: Stimme, Sprechen, Umgang am Telefon kann hier überprüft werden. Ein klarer Eindruck entsteht auch aufgrund des Rückfrageverhaltens des Kandidaten.

Bewerber-Interview „Interim Manager"

Auch hier ist die angestrebte Tätigkeit die eines Selbstständigen. Häufig reagieren Führungskräfte, die einen Übergang bis zur nächsten Festanstellung suchen, folgendermaßen:

„Haben Sie bereits Erfahrung als Interim Manager – oder ist das Thema völlig neu für Sie?"

„Was hat Sie bewogen, sich für eine solche Tätigkeit zu interessieren?"

„Welche Erwartung haben Sie im Umfeld einer selbstständigen Tätigkeit?"

„Beschreiben Sie bitte eine Change-Situation, mit der Sie umzugehen hatten – und wie Sie damit umgegangen sind."

„Welche Branchenerfahrungen haben Sie? In welchem Bereich verfügen Sie über Expertenwissen? Wie ticken die Menschen in Ihrer Branche?"

„Wenn Sie gefragt werden, wie Sie mit Niederlagen umgehen – wie antworten Sie?"

„Ihr größter Erfolg – Ihr schwerster Fehler: Was fällt Ihnen dazu spontan ein?"

„Was wäre für Sie reizvoller: Volle zwölf Monate als externe Führungskraft bei ein und demselben Unternehmen eingesetzt zu werden – oder lieber drei Kurzeinsätze à drei Monaten innerhalb eines Jahres?"

„Welchen Tagessatz stellen Sie sich vor? Wie viel Umsatz sollten Sie pro Jahr mindestens erreichen?"

„Wie gut sind Sie innerhalb Ihres relevanten Berufsumfeldes vernetzt? Wie viele Personen gehören zu Ihrem engeren Netzwerk? Welche Funktionen haben diese in der Mehrzahl?"

Auf die erste Frage und einen kurzen Gedankenaustausch folgt normalerweise der Austausch von Unterlagen: Der Kandidat erhält nähere Informationen vom Interim-Management-Vermittler und reicht im Gegenzug sein Curriculum Vitae elektronisch ein. Danach folgt das ausführliche Interview, das von einem Branchen-Spezialisten geführt wird.

Die *Vorteile telefonischer Interviews* sind:
▨ Sie sind persönlicher als rein schriftlicher Kontakt.
▨ Es findet ein Dialog statt, der einen Gedankenaustausch ermöglicht.
▨ Untertöne in der Kommunikation können gesetzt und herausgehört werden.

Ist ein persönliches Treffen sinnvoll?

■ Ein Filtern ist beiderseits möglich – die Sicherheit für Sinn oder Unsinn eines persönlichen Treffens wird erhöht.

■ Beide Seiten wissen, welche weiteren Fragen geklärt werden sollten und welche Unterlagen zu ergänzen sind.

■ Ein Feedback vonseiten des Unternehmens kann oft rascher erfolgen, als ein persönliches Treffen möglich ist.

Auch Personalvermittler haben das Telefonat auf ihrer Agenda: Auf die Identifizierung von Kandidaten folgt das Telefon-Interview. Erst danach kommt es zum persönlichen Bewerbungsgespräch, je nach Ergebnis dann auch zum Gespräch mit dem suchenden Unternehmen.

TIPP: Headhunter helfen, erste Kontakte zu knüpfen
Schalten Sie einen Headhunter ein, wenn es Ihnen darum geht, erste Kontakte zu knüpfen. Zum Zeitpunkt des Redaktionsschlusses dieses Buches war es laut Gerichtsurteilen zulässig, einen ersten Kontakt zu einem potenziellen Kandidaten per Telefon an seinem Arbeitsplatz herzustellen. Vorausgesetzt, das interessierte Unternehmen wurde nicht selbst aktiv. Finden dagegen bereits Detailgespräche über den geschäftlichen Anschluss des Kandidaten statt, wird das juristisch als unzulässiger Abwerbeversuch bewertet. Zulässig ist es, nach der grundsätzlichen Wechselbereitschaft zu fragen und nach Zeit und Anschluss für ein Telefon-Interview zu fragen – üblicherweise außerhalb der Geschäftszeit und über einen privaten Anschluss des Kandidaten.

Fazit: Manager sind meist viel unterwegs und erfüllen einen Teil ihrer Führungsaufgaben entsprechend außerhalb des Unternehmens. Als logische Folge davon gehört die Kommunikation per Telefon einfach dazu, wenn sie von außen nach innen planen und steuernd wirken wollen. Wer mindestens genauso gut vorbereitet ins Führungs-Telefonat geht wie in das persönliche Mitarbeitergespräch, führt erfolgreich – Gespräche und Mitarbeiter.

Tool 6: **Projekte nachhaltig steuern per Telefon**

In Zeiten vielseitiger elektronischer Anwendungen ist es angeblich keine besondere Herausforderung, Projekte im Griff zu behalten – mit Meilensteinen, Personen- und Zeit-Zuordnung, Kosten und Ergebnissen. Diese Meinung ist von vielen Projektmanagern und Projektleitern zu hören, die via Outlook und Software wie zum Beispiel MS Project ihren Teams Netzpläne verordnen und via Internet fernsteuern. Warum, so fragt man sich, denkt dann eine Organisation wie die GPM (Gesellschaft für Projektmanagement, www.gpm-ipma.de) darüber nach, Projekten durch mehr persönliche Kontakte mehr Leben einzuhauchen, sie durch mehr Austausch zwischen den Menschen erfolgreicher zu machen?

Der persönliche Kontakt bleibt wichtig

Tatsächlich wird das Telefon oft schon zu Beginn eines Projekts eingesetzt, wenn es um die Auswahl der Team-Mitglieder geht, ähnlich dem Mitarbeiter-Recruiting (siehe Tool 5): Kandidaten werden zunächst telefonisch interviewt, ihre potenzielle Teilnahme wird aufgrund eines Wunsch-Profils geklärt.

Wenn auch im Moment noch 90 Prozent der Telefonkontakte auf nationaler Ebene stattfinden (*SZ*, Beilage *Davos World Economic Forum*, 23.01.2008), wird die Globalisierung zu mehr und mehr Grenzüberschreitung führen. Und in internationalen Projekten stellt sich die Frage „Telefonieren für die Projektentwicklung?" gar nicht. Denn dort gehört das fernmündliche Gespräch zum Projektalltag, häufig in Form von Telefonkonferenzen. Per Telefon werden Unklarheiten beseitigt, Irritationen besprochen, konfliktbehaftete Aspekte bereinigt oder Kurskorrekturen diskutiert. Diese „starken" Seiten des Telefons spielen selbstverständlich bereits in Projektteams eine entscheidende Rolle, die innerhalb eines Unternehmens, aber über unterschiedliche Bereiche und Hierarchieebenen hinweg zusammenarbeiten. So mögen die folgenden Ausführungen Sie für spezielle Aspekte der Gesprächsführung zum Thema „Projektleitung per Telefon" sensibilisieren.

Bei internationalen Projekten geht es nur übers Telefon

Elektronische
Kommunikation
durch telefonischen
Kontakt verstärken

In einem Übersetzungsbüro in der Schweiz koordiniert der Unternehmer erfolgreich ein Netzwerk von Muttersprachlern, das über die Kontinente verteilt ist. Sie liefern primär technische Übersetzungen für international tätige Schweizer Unternehmen, für die er wiederum vom Schreibtisch aus Termine, Logistik und Korrekturen managt. Die eigentlichen Inhalte werden elektronisch bewegt, die Kommunikation jedoch verstärkt er durch telefonischen Kontakt beispielsweise zu den folgenden Punkten:

- *Abfrage des Projektstatus rechtzeitig vor Abgabetermin bei den Sub-Unternehmern*
- *Klären von auftretenden Fragen beim Auftraggeber*
- *Frühzeitiges Abstimmen bei Terminschwierigkeiten mit beiden Seiten*
- *Lösen von Reklamationproblemen im Gespräch mit dem Kunden*
- *Nachbesprechen eines Auftrags mit beiden Seiten, Feedback und bereits vorgreifendes Abstimmen für künftige Aufträge*

Dass beim Übersetzen mehr und mehr Sprachsoftware zum Einsatz kommt, bedeutet für ihn erhöhten Beratungsaufwand. Zugleich entwickelt er daraus aktiv neue Argumente, um mit Kunden gut im Geschäft zu bleiben und neue Kunden zu gewinnen. Gleichermaßen betreut er sein Netzwerk in Softwarefragen, da alle Beteiligten im Gleichklang zusammenspielen müssen. So gesehen ist er Dirigent eines Orchesters, das er aus der Ferne im Blick behält. (www.locsoft.ch)

Team-Phasen

Das Telefon
kommt in allen
Projektphasen
zum Einsatz

Analog zu Produkten, Unternehmen und natürlich Menschen haben auch (Projekt-)Teams ihre Lebensphasen. Meist werden (nach Kurt Lewin) vier bis fünf Stufen differenziert: Forming – Storming – Norming – Performing – (Re-Forming). Also folgt auf das Zusammenstellen eines Teams das „Zusammenraufen", gefolgt von Regel- und (informeller) Hierarchie-Bildung. Wenn das Team gut eingespielt ist und sich Routinen gebildet haben, läuft das Projekt rund: Die Hochphase ist erreicht. Je nach Dauer eines Projekts ergeben sich in seinem Verlauf auch Veränderungen, etwa personeller Natur. In diesen allen Phasen kann der telefonische Kontakt eine erhebliche und sehr hilfreiche Rolle spielen, sowohl aus der Sicht des Projektleiters als auch aller Team-Mitglieder untereinander.

Je nach Projektphase unterstützt das Telefon bei folgenden Themen:

- *Forming*: Auswahl der Team-Mitglieder, Absprache, Interview, Vorbesprechung
- *Storming*: Konfliktklärung, Ausräumen von Missverständnissen, Klären von Fragen, Information über Veränderungen
- *Norming*: Verabreden von Regeln, zum Beispiel: Nachhaken zu Terminen, Abhaken von Meilensteinen, Feedback
- *Performing*: Abstimmen „auf dem kurzen Dienstweg", Information über gelungene Meilensteine, Klären von Terminänderungen
- *Re-Forming*: Fluktuation abwenden oder bewusst herbeiführen, Vorstellen und Integrieren neuer Teamkollegen

Alle diese Vorgehensweisen sind via Telefon bilateral oder als TelCon denkbar und kommen in diversen Varianten in der Praxis vor. Zur Gesprächsführung finden Sie Hinweise und Vorschläge je nach Thema an anderer Stelle, zum Beispiel „Konflikte lösen" bei Tool 10.

Das Akronym-Zwischenspiel

Kennen Sie auch unterschiedliche Interpretationen des TEAM-Begriffs? Vielleicht ist Ihnen diese schon einmal untergekommen, die hoffentlich selbstironisch aufgenommen und als Warnsignal verstanden wird:

Definieren Sie mit Ihrem Team das Motto

T	Toll,
E	ein
A	anderer
M	macht's!

Positiver ist dieser Gedanke:

T	Team
E	erledigt
A	(alle) Aufgaben
M	miteinander!

Oder versuchen Sie es doch mit dieser Interpretation des Akronyms:

T	Telefonisch
E	erreicht (der Projektleiter)
A	alle
M	Mitarbeiter

Wie sieht Ihre persönliche Interpretation des TEAM-Begriffs aus? Vielleicht legen Sie im nächsten Team eine gemeinsame Definition fest?

Kommunikation im Team

Passen Sie die Kommunikation der Situation an

Je nachdem, wie stark extravertiert ein Team-Mitglied ist, bevorzugt es mehr oder weniger stark die persönliche Kommunikation. Nach einer Untersuchung von Konradt / Hertel präferiert knapp ein Drittel der Befragten Face-to-face-Treffen, knapp ein Fünftel das Telefon, erst danach kommen die schriftlichen Kommunikationsarten. Dabei geht die Tendenz mit wachsender Komplexität des Themas in Richtung der (sinnes-)reicheren Medien (nach dem Modell der „Media Richness"), also hin zu Telefon und persönlichem Kontakt. Einfachere Abstimmungen erfolgen per E-Mail oder auf anderen schriftlichen Wegen. Als entscheidend für den Erfolg der Projektentwicklung wird angesehen, dass die Team-Mitglieder sich klar darüber abstimmen, welche Art von Kommunikation in welcher Situation zum Einsatz kommt.

Bei Konflikten beispielsweise fällt das telefonische Klären leichter, wenn neben den in anderen Kapiteln entwickelten Kommunikations-Tools vor allem die hier angeführten beachtet werden. Als „Stil-Experte" zu diesem Thema wird Adriano Sack in der *Wirtschaftswoche* 6/2008 wie folgt zitiert: „Deshalb würde ich bei Konflikten immer zum Hörer greifen oder ins Nachbarbüro gehen: ‚Sag mal, was ist eigentlich los?' (Denn) ein Grundgesetz der E-Mail lautet: Sie landet immer dort, wo sie nicht landen sollte."

Reizwörter: 5F vermeiden

Bereinigen Sie Ihren Wortschatz

Oder aber gezielt einsetzen! Überlegen Sie mit, welche Gefühle Sie selbst gegenüber dem „**F-Wortschatz**" hegen:

▪ *Fremdwörter* – häufig abstrakt und nur für einen Teil der Zuhörer verständlich; dazu manchmal unterschiedlich gebraucht und deshalb missverständlich. Das gilt auch für Lehnwörter aus anderen Sprachen, siehe das immer häufiger werdende „Denglish" aus Deutsch und Englisch: Beispielsweise könnte für „Trigger" einfach Auslöser stehen.

- *Fachchinesisch* – es sei denn, Sie setzen es bewusst als Kompetenzbeweis ein, weil Sie mit einem Fachmann verhandeln.
- *Familienjargon* – Szenensprache, Jugendsprache, Abteilungsjargon. Dazu zählt in erster Linie der Aküfi = Abkürzungsfimmel: Anders als Akronyme, die selbst wieder eine Botschaft enthalten, sind Abkürzungen bedauerlicherweise häufig Homonyme, also gleich klingende Begriffe unterschiedlicher Bedeutung, je nachdem, wer sie benutzt (BBC kann ein britischer Fernseh- und Rundfunksender sein, allerdings auch für „Branchen- und Betriebscode" stehen oder auch etwas völlig anderes bedeuten).
- *Füllwörter* – machen Aussagen ausschweifend und sind zugleich nichts sagend. Beispiele sind „eigentlich", „auch", „also" und ähnliche; klassisch ist das „Ääh" beim Sprechen.
- *Floskeln* – wenig glaubwürdig und meist inhaltsleer: „wie man so sagt", „was man so hört", „kein Problem" usw.

Es gibt aber auch Situationen, in denen Fachwortschatz geradezu gefordert ist: Wenn Ihr Gesprächspartner immer mal wieder ein solches Wort fallen lässt, dann dürfen und sollten Sie Gleiches tun. Fehlt Ihnen ein derartiges Signal, dann testen Sie behutsam die Situation, indem Sie Ihrerseits einen Begriff benutzen, der dem gemeinsamen Fachgebiet entstammt. In Fern-Gesprächen mit Projektkollegen gilt wie in der Fern-Kommunikation mit anderen Gesprächspartnern: Sie ist schwieriger als die persönliche.

Fachwortschatz einsetzen

TIPP: So werden Inhalte leichter aufgenommen

Machen Sie es den Empfängern Ihrer Botschaften leicht, Sie zu verstehen, indem Sie ein bis zwei Bildungs- und somit Verständnisstufen tiefer ansetzen. Diese Regel stammt ursprünglich von Prof. Siegfried Vögele, auf dessen Aussagen ich beim Konzept der „unausgesprochenen Hörerfragen" Bezug nehme (siehe Tool 7). Sprechen Sie zum Beispiel mit Ihrer persönlichen Werbung (etwa per Mailing) eine Akademiker-Zielgruppe an, benutzen Sie Wortschatz und Grammatik höchstens auf Abitur-Niveau. Suchen Sie Kontakt zu 18-jährigen Realschülern, wählen Sie das Niveau von 12-jährigen Hauptschülern (möglichst frei von Jugendsprache!). Das mag auf den ersten Blick platt oder arrogant erscheinen, ist jedoch wohl begründet: Beim Empfang von Werbesendungen wie beim Telefonieren gibt es Ablenkungen, die das Aufnehmen von Botschaften erschweren. Erleichtern Sie Ihrem Zuhörer dieses Aufnehmen und vermeiden Sie möglichst 5-F-Wörter sowie vor allem Fremd- und Fachwörter.

Keine Tautologien

Eher zum Schmunzeln verlocken Kombinationen nach dem Prinzip des „weißen Schimmels". Bei „aufoktroyieren" (oktroyieren = jemandem etwas einreden oder aufdrücken), „Grundprinzip" (Prinzip = Grundsatz), „herauskristallisieren", „runterreduzieren" und „dazuaddieren" usw. wird ein Sachverhalt durch überflüssige Zusammensetzungen unnötig wiederholt. Weitere Beispiele sind Begriffe wie „wichtiger Meilenstein" (milestone, aus dem Englischen übertragen, in Projekten immer wichtig) oder „die beiden Zwillinge" und „stille Kontemplation". Vermeiden Sie solche Aufblähungen nach Möglichkeit.

Der persönliche Mix macht authentisch

Wem jedoch gelegentlich das eine oder andere 5-F-Wort entschlüpft, wirkt authentisch. Das gehört zur gesprochenen Sprache, genauso wie (leichter) Dialektanklang, und kommt glaubhafter an als Bühnendeutsch. Doch bitte in Maßen: Je weniger 5-F-Wörter Sie einfließen lassen, desto mehr bleibt Ihr Gesprächspartner im Dialog. Ähnlich wie bei den „unausgesprochenen Hörerfragen" (siehe Tool 7) schweifen seine Gedanken eher ab, wenn Sie geballte Ladungen davon platzieren, und er überlegt,

- was dieses Fremd- oder Fachwort bedeutet,
- was er als Nächstes tun wird, sobald das Telefonat beendet ist, weil er Allgemeinplätze hört, die für ihn weniger wichtig sind,
- was die Alternative wäre, weil Sie Ihre Aussagen durch zu viele Einschübe selbst neutralisieren.

Gehe ich recht in der Annahme, dass Sie dies möglichst vermeiden wollen? Dann bitten Sie gelegentlich einen neutralen Dritten, bei Ihren Telefonaten gezielt auf 5 F zu achten – und tun Sie dies nach vorheriger Absprache selbst bei Ihren Kollegen oder Mitarbeitern. Benutzen Sie als Checkliste und Entwicklungsbogen ein Tableau dieser Art (auch im Internet abrufbar):

5-F-Wortarten	Gehört:	Ersetzbar durch:
Fremdwörter	Beispiel: „… müssen wir zunächst eruieren, welches Pendant das passende für Sie sein könnte …"	„… im 1. Schritt herausfinden, welche Alternative für Sie die richtige wäre …"
Ihr Beispiel		
Fachchinesisch	Beispiel: „… sollten Sie am besten auf einen USB-Stick downloaden, damit Sie den file als copy safen!"	„… machen Sie am besten gleich eine Sicherheitskopie auf einen externen Datenträger!"
Ihr Beispiel		
Familienjargon	Beispiel: „Da könnten Sie na klar den KNT informieren, bauen Sie den Assi ein …"	„Ihr Ansprechpartner wäre der Leiter der Abteilung Qualitätskontrolle, sprechen Sie doch den Assistenten an!"
Ihr Beispiel		
Füllwörter	Beispiel: „Eigentlich können wir das nicht machen …"	„Das geht nicht, was ich bedauere. Machbar ist …"
Ihr Beispiel		
Floskeln	Beispiel: „Das haben wir schon immer so gemacht!"	Weglassen!
Ihr Beispiel		

Umgehen mit Einschränkungen

Gemeinsam ein Ziel zu verfolgen, übereinstimmend die nächsten Schritte zu entwickeln, Einverständnis für das Verändern eines abgestimmten Vorgehens einzuholen – all das sind Aspekte beim Entwickeln eines Projektes. Die Kommunikation zwischen den Team-Mitgliedern ist ein Dialog, es entstehen Diskussionen, Meinungen prallen aufeinander: Auf eine Aussage mit Argumenten folgen Antworten mit anderen Argumenten und Einwänden. Wenn diese

Vorsicht bei scheinbarer Zustimmung

97

das Vorankommen des Projektes gefährden, müssen sie ausgeräumt werden. In der Diskussion zwischen gleichberechtigten Team-Mitgliedern geschieht das gerade am Telefon gelegentlich in einschränkender Manier, via scheinbare Zustimmung. Sie kennen wahrscheinlich die klassische Einwandbehandlung mit „Ja … – aber …!"? Antworten dieser Art sind immer ein Warnsignal: Dieser Projektmitarbeiter muss erst noch ins Boot geholt werden! Den klassischen Witz dazu von Radio Eriwan kennen Sie bestimmt auch: „Stimmt das, was ich gehört habe – Herr ABC ist jetzt verantwortlich für XYZ?" „Im Prinzip ja. Allerdings geht es nicht um Herrn ABC, sondern um Frau DEF. Und außerdem nicht um XYZ, sondern um UVW". So wird aus einer scheinbaren Zustimmung („Im Prinzip ja …") eine völlig gegenteilige Aussage. Der Effekt ist ähnlich dem einer Suggestivfrage: Es wird Übereinstimmung geschaffen, die ein schlechtes Gefühl hinterlässt und somit eine negative Basis für den nächsten Kontakt bildet.

„Ja, aber …"-Antworten rufen Ablehnung hervor

Hüten Sie sich, dieses „Ja, aber …" anzuwenden, etwa in der Rolle des Projektleiters beim Lösen von Konflikten via Telefon! Die weiterführende Empfehlung lautet: Sprechen Sie von „Ja … – und …"! Auf die Aussage „Das steht in krassem Widerspruch zu ABC!" antworten Sie entsprechend „Ja genau, und deshalb sollten wir XYZ ins Kalkül ziehen!". Damit betonen Sie das Verbindende, anstatt das Trennende hervorzuheben. Der kommunikative Effekt leuchtet ein: „Ja, aber …" führt zu Ablehnung, „Ja – und …" eher zu Zustimmung.

Beispiele für weiterführende Zustimmung

Das war davor	Ja – aber: besser vermeiden?	Ja – und: das ist weiter führend!
„Dies ist mein Vorschlag: Wir gehen in der Weise vor, dass wir A B C …"	„Ja, das hört sich zunächst mal gut an. Aber was ist denn, wenn …?!"	„Ja, da haben wir die passende Grundlage! Und wenn wir jetzt noch …!"
„Das steht in krassem Widerspruch zu ABC!"	„Ja, das ist zwar richtig – aber XYZ stimmt dennoch!"	„Ja genau, und deshalb sollten wir XYZ ins Kalkül ziehen!"
„Mit dieser Variante schaffen wir es nicht, das Budget einzuhalten."	„Mag schon sein, aber wir erreichen unser Ziel in der vereinbarten Zeit!"	„Hmm, das ist ein wichtiger Aspekt – und genau aus diesem Grund sollten wir …"

Das war davor	Ja – aber: besser vermeiden?	Ja – und: das ist weiter führend!
„Moment mal, Leute – erst letzte Woche haben wir besprochen, dass ABC …!!"	„Ja schon – aber da wussten wir noch nicht, dass uns XYZ dazwischen kommen würde."	„Ja, stimmt, und ich bin froh, dass wir auf XYZ jetzt gekommen sind und nicht erst in 3 Monaten!"

…

Termine verhandeln und fixieren

Während der Besprechung bei meinem Hausarzt zum jährlichen Gesundheitscheck inklusive Labor, Sonografie und EKG sowie Lungenvolumen-Test erwähnte der Doktor, dass wir letztes Mal überlegt hatten, jährlich einmal ein Belastungs-EKG zu machen – ob ich denn schon einen Termin mit den Arzthelferinnen vereinbart hätte? Hatte ich nicht. Daraufhin begleitete mich der Arzt nach Abschluss des Gesprächs hinaus ins Vorzimmer, um persönlich nach einem Termin zu sehen, den er gleich ins Terminbuch eintrug. Somit war klar, dass ich zum Belastungs-EKG kommen würde. Diese Art der Terminfixierung kann auch per Telefon ablaufen – nämlich so zum Beispiel: „Schön, Herr XYZ, ich habe mir dieses Datum und die Uhrzeit gleich in meinem Timer eingetragen – gerät ja leicht in Vergessenheit, wäre ja schade! Sie haben Sie Ihren Kalender ja gerade offen – (einen gedruckten oder in Outlook) und haben nachgeschaut. Bitte halten Sie auch gleich fest: … Tag … Uhrzeit. Dann bis dahin, schöne Zeit!"

Termine gemeinsam festmachen

Und wie ist das mit Terminerinnerungen? Im Rahmen der Check-up-Untersuchungen hat ein anderer Facharzt meine Bestätigung eingeholt, mich an eine in einem Jahr stattfindende, weitere Vorsorgeuntersuchung vorab erinnern zu dürfen. Sein brieflicher Hinweis lässt sich ebenfalls aufs Telefonieren übertragen: „Einverstanden, Herr ABC, wenn ich Sie zwei Tage vorher an unseren Termin erinnere? Wenn Ihnen noch etwas einfällt, was ich dazu mitbringen sollte, können Sie mir das dann gerne noch sagen …".

Terminerinnerungen sparen „Schneiderfahrten"

Diese Termin-Revision ist wärmstens zu empfehlen, schon viele „Schneiderfahrten" konnten so vermieden werden.

Seminare optimieren

Lernen per Telefon und Internet Immer öfter ist es üblich, Seminare durch vorherigen Kontakt besser vorzubereiten und durch nachträgliche Kontakte nachzubearbeiten. Im Sinne des Lernerfolgs werden damit deutlich nachhaltigere Ergebnisse erzielt, das heißt mit geringerem Lernverlust und verbessertem Transfer in den Berufsalltag. *Blended-Learning-Konzepte* verknüpfen Präsenz-Phasen mit Fernlern-Anteilen methodisch-didaktisch. Die telefonische Beratung zwischen Lehrendem und Lernenden ist dabei eine wichtige Zwischenform dieser beiden Hauptteile. *eLearning-Konzepte* kommen völlig ohne Präsenz-Phasen aus, bieten häufig allerdings ergänzend das Telefonat, statt ausschließlich auf Online-Kontakte (per E-Mail, Chatroom usw.) zu setzen. Gelegentlich wird daraus ein Tele-Seminar, auch Webinar genannt. Ursprünglich kennen gelernt habe ich das bei Dr. Hector Epelbaum (www.veqtor.com), der in Kurzseminaren per Telefon Einblick in Konzepte zum Beispiel zur Suchmaschinen-Optimierung gibt – begleitet von konkreten Beispielen im Internet, die die Teilnehmer parallel mitverfolgen. Für den Ablauf seiner Webinare hat er einen Knigge entwickelt, den ich Ihnen im Folgenden mit kleinen Änderungen wiedergebe:

Knigge für Tele-Seminare

1. Pünktlichkeit ist für Tele-Seminare wichtig. Wer sich nur mit Verspätung einwählen kann, sollte den Seminarleiter informieren.
2. Wird der Computer während des Seminars gebraucht, wählen Sie die benötigten Programme, Dateien oder Websites am besten vor Beginn.
3. Am vorteilhaftesten ist es, über das Festnetz zu telefonieren. Bei Handys und Internettelefonie können Störungen entstehen.
4. Hintergrundgeräusche sind möglichst zu vermeiden, wenn nötig, auf die Stummstelltaste drücken. Auch die Anklopf- und die Lauthörfunktion des Telefons schalten Sie besser aus.
5. Nach dem Einwählen nennt jeder seinen Namen.
6. Wer sprechen will, meldet sich und wartet, bis ihm der Seminarleiter das Wort erteilt.
7. Fragen und Antworten sind kurz und prägnant zu formulieren.
8. Unterlagen zum Seminar vorher zu studieren, bringt Vorteile. Allfällige Wünsche bitte dem Seminarleiter rechtzeitig mitteilen!
9. Diese Regeln gelten auch für Telefonkonferenzen.

Je nachdem, wie Sie die zu vermittelnden Inhalte aufbereiten, wird ein solches Tele-Seminar eher eine Telefonkonferenz oder eine Fern-Präsentation. Das Angenehme daran ist, dass Sie situativ entscheiden können, Ihre Moderation zu verändern, wenn Sie das für sinnvoll halten – vorausgesetzt, Sie bereiten sich auf die Varianten vor.

Projekte im weitesten Sinne …

… sind auch jene Aufgabenbündel, bei denen es um Telefonate zu den folgenden Themen geht:

Behandeln Sie ähnliche Telefonate als Projekte

- *Wahlkampf*: Wähler telefonisch zu beeinflussen ist gang und gäbe in den USA, kritisch in Deutschland. Es ist wohl kaum als Marktforschung zu betrachten und somit ein unzulässiger „Kaltkontakt".
- *Fundraising*: Ähnlich gelagert wie Wahlkampf – wobei hier sehr viel stärker Unternehmen angesprochen werden können. In Zeiten verstärkter Diskussion rund um CSR (Corporate Social Responsibility) könnte es durchaus zum Geschäftszweck jedes Unternehmens gehören, sich sozial zu engagieren.
- *Schulveranstaltung*: Eltern werden aufgefordert, ihre Kinder an sozial engagierten Gruppen, Sport-Events oder anderen regelmäßigen Aktivitäten teilnehmen zu lassen – oder sich selbst dafür ehrenamtlich zu engagieren, siehe Elternbeirat.

Überlegen Sie, welche Kontakte und Workflows in Ihrem Unternehmen unstrukturiert geschehen, unter dem Strich jedoch durchaus als Projekt zu definieren wären. (Zu rechtlichen Fragen siehe Kapitel 4: Akquise.) Schaffen Sie Strukturen – wobei Sie vermeiden sollten, Bürokratie aufzubauen – und optimieren Sie derlei Abläufe durch verstärkten Einsatz des Telefons. Benutzen Sie folgende Checkliste für Ihre Analyse:

Versteckte Projekte identifizieren

Bereich/Abteilung	Stichwort/Idee	Konkrete Umsetzung
Geschäftsleitung		
Kaufmännisches		
Marketing/Vertrieb		
Herstellung		
Filialen/Werke		
Personal		
Facility Management		
Logistik		
…		
…		
…		

TIPP: Setzen Sie die Analyse auch in anderen Bereichen ein

Übertragen Sie diese Analyse entsprechend auf andere Gebiete wie zum Beispiel:

- Verein: Sport, Schützen, Trachten, Jagd, Gartenbau, …
- Politik: Gemeinderat, Bürgerbefragung, Volksentscheid, …
- Wohneigentümergemeinschaft: Instandhaltung, Verwaltung, Beirat, …
- Straßengemeinschaft: Organisation von Festen, Fahrgemeinschaften, …

Was fällt Ihnen sonst noch aus Ihrem privaten Umfeld ein?

Fazit: Projekte zielgerichtet Etappe für Etappe zum Erfolg zu führen, hat eine Menge mit guter Organisation zu tun. Dafür gibt technische Hilfsmittel; Erfahrung und Disziplin tragen außerdem erheblich dazu bei, Zeit- und Geldvorgaben einzuhalten. Erfolgreiches Projektmanagement hängt maßgeblich von Kommunikationsdichte und -qualität ab. Mangelt es daran, hakt es rasch auch am Zeitlichen und Finanziellen. Sich bei kritischen Gelegenheiten ans Telefon zu erinnern und es umgehend zum Lösen von Konflikten und Klären von Fragen zu nutzen, rettet viele Situationen. Sich *vor* dem Entstehen möglicher Konflikte oder Engpässe eines Projekts telefonisch zu versichern, wie es vorangeht, ob die vereinbarten Meilensteine eingehalten werden und jede Person in der geplanten Bandbreite ihres Teilprojekts aktiv ist – das spart wiederum eine Menge Zeit und Geld.

Der Griff zum Hörer rettet oft die (Projekt-)Situation

Kapitel 4:
Akquise –
strukturiert, flexibel,
empfängerorientiert

Einleitung: Können – Dürfen – Wollen?

Die Akquisition per Telefon ist nicht wirklich neu: Ein Berliner Café soll bereits Ende des 19. Jahrhunderts aktiv die damals überschaubar wenigen Telefonanschlüsse angerufen haben, um mehr seiner Torten zu platzieren. Zeitgeschichtlich startete das Telefonmarketing in Europa Ende der 1970er Jahre, als es vom US-Markt herüberschwappte – und ist seither stetig in der Diskussion. Unter den drei Aspekten „Können – Dürfen – Wollen" lässt sich diese Auseinandersetzung rund um aktives Telefonieren (auch Tele-Sales oder Outbound-Telefon-Marketing genannt) gut zusammenfassen.

Telefon-Akquise 1: „Können"

Wann setzen Sie das Telefon ein? Sie kennen wahrscheinlich Diskussionen dieser Art zwischen Kollegen, ob in Industrie, Handel oder Dienstleistung: „Mit Verkaufen habe ich nichts am Hut!" – „Alles, was wir machen, hat mit Verkaufen oder mit Einkaufen zu tun …". Dazu passen Aussagen von Verkaufstrainern wie: „Sie verkaufen nicht ein Gut oder eine Leistung – Sie verkaufen immer sich selbst!", womit der Einsatz der eigenen, authentischen Persönlichkeit gemeint ist. Sie mögen diese Meinung teilen oder auch nicht – in diesem Kapitel ist Verkaufen konkret im Sinne von „etwas an den Mann/an die Frau bringen" zu verstehen. Deshalb habe ich für die Überschrift den Begriff der „Akquise" gewählt, als Kurzform von „Akquisition", wofür auch im deutschen Sprachraum inzwischen gerne das englische „Sales" gewählt wird. Im Rahmen moderner Telefonkommunikation sprechen Fachleute von Tele-Sales, das aktive Anrufen bei Privatleuten wie bei Geschäftspartnern wird mit Outbound-Telefon-Marketing bezeichnet. „Inbound" als Pendent dazu meint Anrufe von Kunden und Interessenten, die bestellen, sich informieren oder einen Service in Anspruch nehmen möchten (siehe Kapitel 5: Reklamationen).

Telefon-Akquise 2: „Dürfen"

Der Telefoneinsatz in der Akquise führt uns auch zur Debatte rund um die Rechtsfragen zu diesem Thema. Ist es denn heute noch zulässig, werbliche und verkaufende Anrufe zu tätigen, sei es bei Kunden oder bei potenziellen Neukunden, also Erstkontakten? Während das EU-Recht sehr liberal mit diesem Thema umgeht, gibt es in Deutschland immer wieder Anläufe, Outbound-Telefonie einzuschränken. Doch gilt trotz veränderter Gesetzgebung nach wie vor, was ich vor Jahren am Rande eines Kongresses als Gespräch zwischen zwei Rechtsanwälten gehört habe. Sinngemäß sagte der eine zum anderen: „Ich kenne neben dem Telefon-Marketing keinen anderen Bereich, in dem Rechtsprechung und tägliche Praxis in der Anwendung dermaßen weit auseinanderklaffen." Es kommt immer wieder zu gerichtlichen Auseinandersetzungen, weil Angerufene sich durch Werbeanrufe belästigt fühlen. Diese Tendenz hat sich in den vergangenen Jahren dadurch erheblich verstärkt, dass vor allem Lotterie-Anbieter und Unternehmen der Telefonkommunikation Massenanrufe einsetzen, um im Grunde jeden zum neuen Kunden zu machen. Sie haben wahrscheinlich selbst schon Anrufe dieser Art erlebt und sich über einen oder mehrere der folgenden Punkte geärgert:

Worüber sich Angerufene ärgern

- Vortäuschung falscher Tatsachen: Bezug auf Preisausschreiben-Teilnahme, Ansprache als Kunde von XY, etwa Telekom
- Verschweigen klarer Fakten: Eine Vereinbarung wird getroffen, die nicht haltbar ist – etwa Verfügbarkeit von DSL-Anschlüssen
- Vertuschen harter Bedingungen: Akzeptiert hat der Angerufene, Informationen zu erhalten; geschickt wird eine Auftragsbestätigung
- Unverschämtes Gesprächsverhalten: Lehnt der Angerufene ab, wird schlicht aufgelegt, auf Einwände erfolgt ignorantes Weiterdrängen usw.

Solche Erlebnisse führen beim nächsten Anruf zu einer Verweigerungs- und Ablehnungshaltung, die kaum zu durchdringen ist. Wer das dennoch schafft, verdankt den Erfolg einem angenehmen Gesprächsklima, das er erzeugt durch:

- Zurückhaltung und Zuhören, also auch Eingehen auf Einwände
- Freundliches, lockeres Sprechen
- Fröhliche, lächelnde, begeisterte Ausstrahlung
- Akzeptieren eines „Nein", wenn auch ein zusätzliches Argument nicht zum Ziel führt
- Ehrlichkeit in der Aussage (Wer ruft eigentlich an?) und Fairness im Umgehen: Bestätigt wird nach dem Telefonat nur das, was tatsächlich besprochen wurde.

TIPP: Rufen Sie zu einem passenden Zeitpunkt an
Nahe liegend sollte es sein, die Bereitschaft des Angerufenen zu klären, einen überraschenden Anruf entgegenzunehmen. Worüber Sie als Anrufer nämlich nichts wissen, ist die Situation der von Ihnen kontaktierten Person: Ist sie gerade im persönlichen Gespräch mit einem Dritten? Versucht sie gerade, einen wichtigen Vorgang zu klären? Bereitet sie sich soeben auf ein Meeting vor, das in wenigen Minuten starten soll? Diese und ähnliche Ablenkungen werden oft höflich verschwiegen, weswegen Sie von sich aus danach fragen sollten. Klassisch hört sich das so an: „Störe ich?" – was mehr Angerufene als nötig zur Antwort „Ja!" motiviert, um so den Anrufer wieder loszuwerden.

Vergewissern Sie sich, dass Sie nicht stören

Alternativ formulieren Sie positiv, etwa: „Passt es Ihnen gerade?" Auch darauf ist eine wenig erfreuliche Antwort möglich, nämlich „Nein!". Ergänzen Sie daraufhin Ihre höfliche Frage mit einem klaren, verpflichtenden Ziel und machen Sie damit deutlich, dass Ihnen das Gespräch wichtig ist. Das klingt dann vielleicht so: „… oder wann heute Nachmittag soll ich Sie nochmals anrufen – wir brauchen etwa fünf Minuten …". Wenn es „heute Nachmittag" unpassend ist, werden Sie das so oder so erfahren. Sollen Sie abgewimmelt werden und hören später „nicht am Platz" oder eine ähnliche Information, gewinnen Sie auch daraus durchaus nützliche Erkenntnisse über diesen Kontakt: Sie können ihn ablegen, zumindest für den Moment, und sich auf derzeit wertvollere Kontakte konzentrieren.

Wen dürfen Sie aktiv anrufen?

So weit zum Atmosphärischen. Doch nun noch einmal zurück zur Rechtslage: Zu aktuellen Fragestellungen rund um die Telefon-Akquise bieten sich Quellen wie Ihr Branchenverband oder einer der Call-Center-Verbände an (www.callcenterforum.de, www.ddv.de, www.kundendialog.org) – oder Medien, die sich damit befassen, etwa der Versandhausberater (www.versandhausberater.de), TeleTalk (www.teletalk.de) oder CallCenterProfi (www.callcenterprofi.de). Fakt ist:

Wen dürfen Sie aktiv anrufen?

- ▨ Zunächst einmal ist ein „Kalt"-Anruf grundsätzlich verboten …
- ▨ … es sei denn, der Kontakt hat vorher schriftlich zugestimmt.
- ▨ Selbst bei einem bestehenden Kunden ist ein Anruf nur im Zusammenhang mit dem aktuellen Auftrag erlaubt, etwa um einen Liefertermin abzustimmen.
- ▨ Ein vorher geschickter Brief mit Ankündigung ändert nichts, denn das Einständnis muss VOR dem Anruf vorliegen …
- ▨ … und kann somit auch nicht beim Anruf erfragt werden.
- ▨ Die Annahme eines „konkludenten Einverständnisses" ist eine Hilfskonstruktion, die eher im geschäftlichen denn im privaten Kundenbereich greift.

Damit der Sachverhalt deutlich wird, konstruiere ich ein aussagekräftiges Beispiel (ohne Rechtssicherheit!):

So funktioniert es in der Praxis

Nehmen wir an, Sie sind Handelsvertreter für einen Papierhändler und überlegen, wie Sie einen größeren Restposten Kopierpapier einer bestimmten Qualität rasch platzieren können. Der Posten ist zu klein, als dass sich dafür Reiseaufwand rechnen würde; ergo greifen Sie zum Telefon und rufen nahe gelegene Firmen an. Sie wissen um die kritische Rechtslage, kennen den Begriff des „konkludenten Einverständnisses" und haben sich dessen Bedeutung erklären lassen. Gemeint sei, so der Hausjurist, dass Anrufe erlaubt sind, wenn davon auszugehen ist, dass das angerufene Unternehmen das Produkt für den eigenen Geschäftszweck benötigt. Das bedeutet, dass Sie keineswegs einfach Steuerberater ABC oder Bäckereibetrieb XYZ anrufen dürfen, die natürlich Unterlagen kopieren müssen und dafür auch Kopierpapier (oder auch Papier für den Drucker) benötigen: Der Geschäftszweck ist ein völlig anderer als der, Kopien anzufertigen. Natürlich kommt ein

Copy-Shop infrage, der genau diese Dienstleistung anbietet. Weil der nächste Copy-Shop aber zu weit weg ist und der Transportaufwand deshalb zu hoch, überlegen Sie:

- *Gleich um die Ecke ist ein Buchhändler, bei dem Sie ein Kopiergerät gesehen haben. Das könnte doch passen?*
- *Etwas weiter weg gibt es außerdem einen Händler für Büromaterial, der zusätzlich Bücher und Zeitschriften anbietet, auch bei ihm steht ein Kopierer.*

Bei näherer Betrachtung stellt sich heraus:
- *Der Buchhändler benutzt sein Kopiergerät ausschließlich dafür, Belege zu kopieren. Für seine Kunden macht er zwar gelegentlich die eine oder andere Kopie, allerdings als Service, etwa Musterseiten eines Sachbuchs, damit der Kunde eine Entscheidungsgrundlage mit nach Hause nehmen kann. Er sollte tunlichst nicht angerufen werden, was den Restposten Kopierpapier angeht.*
- *Der Büromaterial-Händler dagegen ist ein Treffer, er darf angerufen werden: Er hat Kopierpapier im Sortiment und er bietet Kopieren als Dienstleistung an. Das Kriterium „konkludentes Einverständnis ist anzunehmen, weil zum Geschäftszweck gehörig" trifft offenbar zu.*

Persönlich vorsprechen geht immer

Davon abgesehen, dürfen Sie rein rechtlich jederzeit *persönlich* bei jedermann vorsprechen: Da der Berufsstand des Handelsvertreters schon in den 1970er Jahren seit weit mehr als 100 Jahren eingeführt war, galt er dem Gesetzgeber (im Rahmen der UWG-Diskussion: Gesetz gegen den unlauteren Wettbewerb) als schützenswürdig. Was konkret bedeutet, dass Abonnenten-Werber auch bei Privatleuten klingeln und dort im Wohnzimmer ihre Zeitschriften präsentieren dürfen. Anrufen dürfen Sie dieselben Personen jedoch nicht. Was ist Ihr Empfinden: Ist der Anruf lästiger, der einfach durch Auflegen beendet werden kann – oder der persönliche Besuch im Haus? Trotzdem bleibt es dabei: Es gibt erhebliche Einschränkungen für telefonische Werbung. Achten Sie auf diese und orientieren Sie sich über den aktuellen Stand wie oben dargelegt. Denken Sie dabei gelegentlich an das Sprichwort „Wie es in den Wald hineinruft, so schallt es heraus" und gehen Sie entsprechend auf Ihre Gesprächspartner am Telefon ein.

Telefon-Akquise 3: „Wollen"

Inzwischen wissen Sie, für welche Akquise-Situationen Sie das Telefon einsetzen können und dürfen – doch ist das auch gewollt? Wenn Sie einen „klassischen" Vertreter fragen, also einen Außendienstler, wie es sie häufig im Direktvertrieb an Privatkunden gibt, hören Sie wahrscheinlich etwas in dieser Art: „Verkaufsgespräche sollte man ausschließlich persönlich führen, denn schließlich wird etwas gezeigt. Und die Körpersprache ist mindestens genauso wichtig wie die gesprochene Sprache." Womit der typische Außendienstler deutlich macht, dass er die Vis-à-vis-Situation braucht, die ihm beim Telefonieren fehlt. Während in den USA der dort „Sales-Rep(resentative)" Genannte hoch angesehen ist, muss ein Vertreter in Deutschland beim Privatkunden häufig „den Fuß in die Tür stellen", um eingelassen zu werden. Hätte er allerdings im Vorfeld durch eine telefonische Terminvereinbarung für sein Entree gesorgt, wäre er wahrscheinlich willkommener.

Im Geschäftsleben werden Besuche fast ausschließlich vorher vereinbart – und zwar in aller Regel per Telefon. Der sogenannte „Kalt-Kontakt" wird oft gescheut. Wer die Perspektive verändert und darauf zielt, einen neuen Kontakt zu gewinnen, wird mit einer völlig anderen, offeneren Einstellung ans Telefon gehen. Überlegen Sie zum Beispiel, wie Sie mehr Qualität in Ihre Telefonate einbringen? Dann haben Sie (mindestens) *zwei Interpretations-Möglichkeiten:*

1. Qualität kommt von „Qual": Sie müssen sich durchquälen, irgendwann kommt der Erfolg.
2. Qualität kommt von „Wahl": Sie entscheiden sich aktiv fürs Telefonieren – Sie haben die Wahl und wählen den Anschluss Ihres Gesprächspartners.

Die Kommunikation am Telefon erleichtert sich im Übrigen der gewiefte Verkäufer, der mithilfe der Tools 1-3 aus Kapitel 1 seine Gespräche so führt, dass er seinen Gesprächspartner wie sich selbst viel-sinnig anspricht: durch bildhaftes Sprechen bis hin zum Gedankenaustausch in 3D.

Telefonische Terminvereinbarung: Entree ins Verkaufsgespräch

Hilfsmittel
für verschiedene
Telefon-Situationen

Es gibt durchaus Gründe für das Zögern vieler Menschen, das Telefon intensiver für ihre Kommunikation zu nutzen. Einige haben wir bereits in der Einleitung zu diesem diskutiert und greifen sie nun auf: Wie wir uns den ersten Kontakt ohne Sehen und gemeinsames Raumgefühl erleichtern können, davon handelt Tool 7 mit E-V-A für den erfolgreichen Gesprächseinstieg. Doch auch mit bestehenden Kontakten heißt es entsprechend umzugehen, siehe Tool 8 mit A-D-A-M fürs Aktivieren von Kontakten. Wie Ihnen „C-M-C – gezielt statt Gießkanne" helfen kann, dazu mehr in Tool 9. Die Akronyme werden natürlich aufgelöst, erklärt und in konkreten Gesprächsformulierungen als Leitfaden umgesetzt.

Die Basisstruktur eines jeden Telefonats sollte sich entlang der **DIALOG**-Linie entwickeln:

Direkt auf den Punkt kommen – **I**nformationen gewinnen – **A**ntworten auf Einwand-Fragen geben – **L**eit-Fragen stellen – **O**ffen sein für alternative Ziele – **G**eleit geben: Zusammenfassen, Ausblick offen halten.

Wenn Sie dieser Dramaturgie strikt folgen, entwickeln Sie einen Gedankenaustausch, indem Sie bewusst Fragen und Antworten abwechseln. Die Struktur-Tabelle hilft Ihnen, sich mit konkreten Einzelthemen zu beschäftigen, wenn Sie das möchten:

DIALOG 1: Die Grundstruktur eines erfolgreichen Telefonats

Gesprächsphase	Leitgedanke	Beispiel
Direkt auf den Punkt kommen	Begrüßung	„Schönen guten Tag, Herr/Frau …, Vorname Name, Unternehmen aus Ort. Bin ich richtig, wenn es um … geht?"
Informationen gewinnen	öffnend fragen	„Was …? Wie …? Wer …? Unter welcher Voraussetzung …?"
Antworten auf Einwand-Fragen	punktgenau argumentieren	„Genau deshalb …" „Mal angenommen …"
Leit-Fragen stellen	schließend formulieren: Kontrolle, Kontakt	„Habe ich Sie da richtig verstanden?"

Gesprächsphase	Leitgedanke	Beispiel
Offen für alternative Ziele	Schwellen reduzieren	„D.h. für einen ersten Auftrag wäre das …Was halten Sie …?!"
Geleit geben: Zusammenfassen, Ausblick	gemeinsames Verständnis abklären	„Dann machen wir das so wie besprochen: … Vielen Dank fürs Gespräch, schönen Tag!"
Danach	To-do-Liste, Wiedervorlage	…

TIPP: Arbeiten Sie mit den Formularen
Halten Sie mehrere Ausdrucke der verschiedenen Leerformulare bereit, die Sie in diesem Buch und als Vorlage im Internet finden. Das unterstützt Sie dabei, Ihre spontanen Einfälle festzuhalten und später beim Telefonieren zu nutzen. Oder Sie tragen Ihre Formulierungen gleich in ein Word-Dokument ein, das Sie vor dem Telefonieren öffnen, wenn Sie begleitend den Bildschirm vor Augen haben. So arbeitet etwa ein von mir gecoachter Schweizer Unternehmer, der sich auf diese Weise diszipliniert.

Fazit: Zwar gibt es Gründe dafür, in bestimmten Fällen auf das Akquirieren per Telefon zu verzichten. Es bleiben jedoch genügend Ansätze, sich selbst das Akquirieren mithilfe des Telefons zu erleichtern. Wann immer die Vorteile überwiegen, sollte der Griff zum Telefon erfolgen.

Tool 7: E-V-A für den erfolgreichen Gesprächseinstieg

Neue Kunden zu finden, ist für viele Verkäufer eine besondere Herausforderung. Tatsächlich kommt es beim Herstellen eines Erstkontakts häufig auf die ersten Sekunden an: „Für den ersten Eindruck gibt es kaum eine zweite Chance", das gilt nach wie vor. Je angenehmer Ihr Gesprächspartner Sie empfindet, je besser Sie bei ihm ankommen, desto leichter entsteht ein Dialog. Wer eine Beziehung aufbaut und einen Draht zum anderen findet, wird auch mit seinem sachlichen Anliegen besser landen. Nun fällt es vielen Menschen schwer, beim ersten Kontakt mit anderen ins Gespräch zu kommen,

Wer persönlich ankommt, landet sachlich besser

und das besonders am Telefon. Tatsächlich empfehlen sich hier jene Lösungen eher weniger, die beim persönlichen Kennenlern-Kontakt üblich sind, wie etwa

- Small Talk führen: Umfeld („Und, wie ist das heute so für Sie?"), Aktuelles („Was ist denn Ihr Kenntnisstand zu …?"), Allgemeines („Sind Sie zum ersten Mal hier?") ansprechen.
- Sich in die im angerufenen Büro stattfindende Unterhaltung einklinken, funktioniert nicht: Als Anrufer wissen Sie nicht, womit sich Ihr Gesprächspartner gerade eben beschäftigt (hat).

Natürlich gibt es Ausnahmen, etwa wenn

- Sie über eine Zwischenperson (Zentrale, Assistenz) erfahren haben, dass Ihr Ansprechpartner soeben ein Gespräch mit einer Person X beendet hat. Hier bietet sich eventuell an, daran anzuknüpfen („Danke, dass Sie sich gleich nach Ihrem Gespräch mit Herrn XY Zeit für mich nehmen").
- Sie Kenntnis davon haben, dass Ihr Gesprächspartner Grund haben könnte, abwesend zu sein („Schön, dass ich Sie erreiche! Andere sind schon in den Ferien …" oder „ Sie haben sich die ABC-Messe dieses Mal gespart?" – womit Sie Kompetenz beweisen).

Beantworten Sie auch unausgesprochene Fragen

Unausgesprochene Hörerfragen

Lassen Sie uns mit dem starten, was beim Telefonat genauso wie beim persönlichen Kennenlernen am Anfang steht: das wechselseitige Vorstellen. Wer bin ich, was mache ich? Wer ist der andere? Dies führt uns sofort zum Konzept der „unausgesprochenen Hörerfragen", mit dem ich mich an Siegfried Vögele anlehne, den Guru des Dialog-Marketings, also des „Verkaufsgesprächs mit Brief und Antwortkarte", wie er es einmal genannt hat. Gemeint ist: Stellen Sie sich vor Ihrem Telefonat darauf ein, Fragen Ihres Gesprächspartners zu beantworten, die er Ihnen de facto gar nicht stellt. Die er jedenfalls nicht ausspricht, die aber in seinem Kopf herumspuken. Solche Fragen sind beispielsweise:

- Wer ist das, der mich da anruft?
- Wie heißt der/die?
- Was will die Person von mir?

▨ Wieso ausgerechnet von mir??
▨ Welches Unternehmen ist das?
▨ Was habe ich davon, was mein Unternehmen, wenn ich mit der Person rede?
▨ Wieso sollte ich mit dem/der sprechen?

Ganz elegant können Sie die unausgesprochene Frage samt Ihrer Replik beispielsweise so einfließen lassen:

▨ „Wahrscheinlich fragen Sie sich jetzt …" oder „Vielleicht überlegen Sie nun, …"
▨ „Damit meine ich …" oder „Das könnte für Sie bedeuten …"
▨ „Wenn Sie mich fragen …" oder „Manchmal werde ich gefragt …"

Sie vermeiden mit diesem Vorgehen Gedankenhänger Ihrer Gesprächspartner und möglichen Informationsverlust. Zwar denken wir im Allgemeinen etwa doppelt so schnell wie wir sprechen und sind so in der Lage, aufzuholen. Da es dabei nur um Sekundenbruchteile geht, überhört ein Telefonpartner leicht einen Ihrer wichtigen Gedanken, wenn er über einen vorherigen nachzudenken hat.

Stimmen Sie Ihren Gesprächspartner ein

Irgendwie kommt es Ihnen so vor, als seien Sie mit der Tür ins Haus gefallen? Direkt auf den Punkt zu kommen, verhilft Ihnen jedoch zu einem offenen Ohr des Angerufenen. Eine simple Formulierung als Übergang vom „Guten Tag, Herr …, ich bin …" zum „ Sie sind doch zuständig für …" oder so ähnlich sendet eine positive Botschaft (Betonung auf dem kursiven Wort):

Mit Übergängen auf den Punkt kommen

„Schön, dass ich Sie *erreiche* …!" oder
„Schön, dass ich Sie *persönlich* erreiche …!" oder
„Schön, dass ich Sie *jetzt* erreiche …!"

Diese einfache Form des Lobens und des Ausdrucks der Wertschätzung macht zugleich neugierig – und gibt dem Gesprächspartner die Chance, die genannten Informationen zu verarbeiten. Dabei – je nach der von Ihnen gewählten Variante – haben Sie weitere Botschaften bereits mitgeschickt:

„… *persönlich* …" – Sie haben es bereits versucht; Sie möchten genau mit dieser Person sprechen; Sie haben Informationen exklusiv für ihn, für niemand sonst.

„…*jetzt* …" – Sie haben es schon (mehrfach) versucht; es ist wichtig, dass er diese Information kurzfristig erhält – später kann es zu spät sein; er sollte Sie jetzt anhören.

Weitere Varianten können zum Beispiel sein:
„Gut, dass Sie jetzt Zeit für mich haben!" (was eine Unterstellung beinhaltet)
„Toll, Sie sind ansprechbar!" (dito)
„Aah, Sie sind am Platz …" (deutliche Botschaft, sehr direkt)

Welche Formulierung(en) wählen Sie für sich oder Ihre Mitarbeiter?

_____

_____

Liefern Sie einen Grund, Ihnen zuzuhören

Mit E-V-A die Aufmerksamkeit behalten

Sie haben die ersten Sekunden im Gespräch gut überstanden, Ihr Gesprächspartner ist „ganz Ohr für Sie". Jetzt geht es ans Eingemachte: Welchen Grund liefern Sie, damit die Bereitschaft, Ihnen weiterhin zuzuhören, bestehen bleibt? Hier erweist sich ein strukturiertes Vorgehen bei vielen Gelegenheiten immer wieder als zielführend: Innerhalb Ihres DIALOGs der Einstieg über das E-V-A-System. **DIALOG** 1 ist die Grundstruktur Ihres Telefonats, der rote Faden, die Dramaturgie:

Direkt auf den Punkt kommen – **I**nformationen gewinnen – **A**ntworten auf Einwand-Fragen geben – **L**eit-Fragen stellen – **O**ffen sein für alternative Ziele – **G**eleit geben: Zusammenfassen, Ausblick offen halten.

In der ersten Phase des „Direkt-auf-den-Punkt-Kommens" stehen Sie mit E-V-A auf sicherem Boden: **E**mpfehlungen – **V**orteile – **A**nlässe, darauf reagiert Ihr Zuhörer! Und so könnte die konkrete Umsetzung aussehen, hier für Vermittler / Berater formuliert:

Kunden finden: Neue Kontakte zum Erfolg führen mit dem E-V-A-System

Gesprächsphase	Leitgedanke	Schlüsselformulierung / Themenbeispiele
Direkt auf den Punkt kommen …	Begrüßung	„Schönen guten Tag, Herr/Frau …, (ich bin / Sie sprechen mit) Vorname Name, Unternehmen aus Ort. Bin ich richtig bei (Herrn/Frau …) (Funktion) (Ihnen, wenn es um … geht)?"
	Empfehlungen Entree!	Die echten: „Herr XYZ von ABC hat mir empfohlen, Sie anzurufen …" „Beim Netzwerk-Abend … haben wir miteinander gesprochen …" Die „internen": „Ihre Kollegin Frau ABC in der Zentrale hat Sie mir als den richtigen Ansprechpartner empfohlen, für XYZ …"
	Vorteile Lösungen	Offen und ehrlich und sehr direkt: „Ich bin Newcomer – und gerade deshalb für Sie besonders interessant, zum Beispiel weil ich 1. alle Theorie noch frisch drauf habe, 2. für die Praxis besonders gut hinhöre statt zu antizipieren, 3. unbedingt für Ihr Unternehmen arbeiten will: Biss! – und 4. einen besonders günstigen Stundensatz biete …"
	Anlässe Presse?	Beweisen Sie Kompetenz, etwa durch Marktkenntnis – zitieren Sie Aktuelles über das Unternehmen: „Sie sind ja sehr erfolgreich mit …"– oder Ihrer persönlichen Kompetenz: Nennen Sie Fachartikel, Berichte über Sie, eine Referenz (die Sie zitieren dürfen).
Informationen gewinnen	öffnend fragen	Was …? Wie …? Wer …? Unter welcher Voraussetzung …? Woran liegt es …?
Antworten auf Einwandfragen	punktgenau argumentieren	„Genau deshalb … „ „Mal angenommen …"
Leit-Fragen stellen	schließend formulieren: Kontrolle, Kontakt	„Habe ich Sie da richtig verstanden?" „Wenn ich dafür ein passendes Angebot habe?"
Offen für alternative Ziele	Schwellen reduzieren	„D. h. für einen ersten Auftrag wäre Ihnen das zu umfangreich … Was halten Sie davon: 1 Tag …?!"
Geleit geben: Zusammenfassen, Ausblick	gemeinsames Verständnis abklären	„Dann machen wir das so wie besprochen: … Und dann rufe ich Sie wieder an. Wann passt es Ihnen gut? Vielen Dank fürs Gespräch, schönen Tag!"
Danach	To-do-Liste, Wiedervorlage	…

Ersetzen Sie nun die Formulierungen durch ähnliche, die zu Ihrem persönlichen Leistungsangebot passen:

Gesprächsphase	Leitgedanke	Schlüsselformulierung / Themenbeispiele
Direkt auf den Punkt kommen …	Begrüßung	„Schönen guten Tag, Herr/Frau …, (ich bin / Sie sprechen mit) Vorname Name, Unternehmen aus Ort. Bin ich richtig bei (Herrn/Frau …) (Funktion) (Ihnen, wenn es um … geht)?"
	Empfehlungen	
	Entree!	
	Vorteile	
	Lösungen	
	Anlässe	
	Presse?	
Informationen gewinnen	öffnend fragen	Was …? Wie …? Wer …? Unter welcher Voraussetzung …? Woran liegt es …?
Antworten auf Einwandfragen	punktgenau argumentieren	„Genau deshalb … „ „Mal angenommen …"
Leit-Fragen stellen	schließend formulieren: Kontrolle, Kontakt	„Habe ich Sie da richtig verstanden?" „Wenn ich dafür ein passendes Angebot habe?"
Offen für alternative Ziele	Schwellen reduzieren	„D. h. für einen ersten Auftrag wäre Ihnen das zu umfangreich … Was halten Sie davon: 1 Tag …?!"
Geleit geben: Zusammenfassen, Ausblick	gemeinsames Verständnis abklären	„Dann machen wir das so wie besprochen: … Und dann rufe ich Sie wieder an. Wann passt es Ihnen gut? Vielen Dank fürs Gespräch, schönen Tag!"
Danach	To-do-Liste, Wiedervorlage	…

Konzentrieren Sie sich nun weiter auf den Einstieg, nachdem Sie die kurzen Hinweise auf einige mögliche Fortsetzungen des Dialogs zur Kenntnis genommen haben. Machen Sie sich weiterführende Gedanken, um den Gesprächseinstieg mit E-V-A zu erweitern, und zwar mit den Zielen:

Gestalten Sie das E-V-A-System individuell

- Neugierig machen
- Aufhorchen lassen
- Aufmerksamkeit binden
- (Scheinbar) bekannt(er) machen
- Erwartungen wecken (die Sie dann auch erfüllen sollten)
- Unausgesprochene Hörerfragen beantworten

All das, was für den Gesprächspartner neu ist, aktiviert ihn. Was könnte in Ihrem Geschäft als „neu" erwähnenswert sein – bei Ihnen oder bei Ihrem Kunden? Entwickeln Sie Ihren eigenen E-V-A-Themenspeicher:

Neues – bei Ihnen **Neues – beim (potenziellen) Kunden**

_____ _____

_____ _____

_____ _____

_____ _____

_____ _____

_____ _____

Überprüfen Sie Ihre Liste, ob Sie auch diese möglichen Anlässe notiert haben:

Arbeiten Sie Anlässe und News ein

- Geburtstage (Geschäftsführer, Inhaber, Entscheider …)
- Jubiläum des Unternehmens (Gründung, Grundsteinlegung Gebäude …)

- Mitarbeiterwechsel (Personaler, Geschäftsführer …)
- News rund um Mitarbeiter (Prokura, Leitung, Zusatzverantwortung …)
- Themen aus dem Newsletter des Unternehmens

Passende Informationen bieten oft Medien, die Sie sowieso lesen bzw. nutzen, etwa:

- Fachzeitschriften (relevanter Branchen)
- Verbandsinformationen (Berufsverband, öffentliche Institutionen …)
- Tages- und Wochenzeitungen (relevante Ressorts: Wirtschaft, Feuilleton …)

Welche elektronischen Newsletter könnten Sie abonnieren? Prüfen Sie, welche für Ihre Fokus-Branche(n) relevant sind, etwa durch Suchen via www.google.de, www.yahoo.de oder mit anderen Suchmaschinen.

Woher Sie Empfehlungen bekommen

Wer könnte Ihnen eine Empfehlung geben? Überlegen Sie – und sprechen Sie darüber zum Beispiel mit

- Ihren bestehenden Kunden (die sich geehrt fühlen; vorausgesetzt, sie möchten nicht „eifersüchtig" vermeiden, dass andere Ihre Leistung in Anspruch nehmen)
- Ihren ehemaligen Kunden (mit denen Sie damit prima wieder ins Gespräch kommen)
- Ihren potenziellen Kunden, bereits bestehenden Kontakten unterschiedlicher Intensität (wodurch Sie auch hier einen neuen Ansatz haben, im Gespräch zu bleiben)
- Ihren weiteren Kontakten von Messen, Kongressen, Netzwerk-Veranstaltungen: weder potenzielle Kunden noch Mitbewerber. Ihr Ziel: Kooperieren, einander wechselseitig unterstützen.

Am besten nehmen Sie sich gleich noch die Zeit und entwerfen Ihren eigenen E-V-A-Einstiegskatalog im Rahmen des DIALOG-Leitfaden-Systems. Hier kommt das Blanko-Formular für Sie (als Download abrufbar auf Verlagswebsite www.gabal-verlag.de unter „Effektiv telefonieren"):

Ihr Einstiegskatalog – einige konkrete Beispiele für E-V-A

Empfehlungen

Entree!

Vorteile

Lösungen?

Anlässe

Presse?

Qualifizieren Sie Ihre Kontakte mit E-V-A!

Mit diesem Modell können Sie rasch einschätzen, wie weit Sie wahrscheinlich mit einem neuen Kontakt kommen werden: Wie ist seine Gesprächsbereitschaft? Ist er offen genug, eine neue Geschäftsbeziehung zu „wagen" oder eher ablehnend? Was sollten Sie im nächsten Schritt bieten – ausführliche Unterlagen, einen Besuchstermin oder gar ein konkretes Angebot? Unabhängig davon, was das konkrete Ergebnis dieses ersten Telefonats sein wird, sind Sie danach in der Lage, den Kontakt zu „bewerten", auch zeitlich. Zudem ist die Systematik durchaus auf andere Personen übertragbar.

Kontakte bewerten – Zeit gewinnen

Wenn Sie selbst zu wenig Zeit zum Telefonieren reservieren können oder wollen, delegieren Sie diese Aufgabe. Sobald Sie einen konkreten Themenkatalog zur Verfügung stellen, den andere Personen flexibel einzusetzen in der Lage sind, schaffen Sie die Grundlage

Telefonate vorqualifizieren lassen

für „Massen-Telefonate". Damit ist gemeint, eine größere Anzahl potenzieller Kontakte in kurzer Zeit vorzuqualifizieren. Sie selbst oder eine Person Ihres Vertrauens mit guter Kenntnis Ihres Angebots können dann in einem zweiten Schritt diese vorqualifizierten Kontakte weiter verfolgen. Denken Sie etwa an das Qualifizieren innerhalb

- ausgewählter Branchen (Maschinenbau, Software, …),
- bestimmter Betriebsgrößen (500 – 1.000 Mitarbeiter …),
- einer Region (Bundesland, Postleitzahlenbereich, …),
- einer Unternehmensfunktion (Marketingleiter, Personalentwickler, IT-Leiter, …).

Mehrere Themen am Telefon bearbeiten Wenn Sie dabei mehrere Ziele vorgeben, schaffen Sie innerhalb eines Telefonats erheblichen Mehrwert – für Sie wie auch für die Gesprächspartner. Beispielsweise diese Aspekte könnten Sie mit verarbeiten lassen:

- Einladung zum Messegespräch (Sie als Aussteller / der andere als Aussteller) (siehe dazu konkret Tool 3)
- Angebot eines Schnupper-Workshops zum Thema X (anstelle eines üblichen Präsentationstermins)
- Kurz-Abfrage relevanter Parameter (zum Beispiel: Wann könnte Thema X relevant werden? Wie ist die Ausstattung mit Y derzeit?)

Durch Ihren E-V-A-Einstieg bereiten Sie den Boden dafür, dass der Gesprächspartner bereit ist, weiterführende konkrete Fragen zu beantworten: Er erlebt Sie oder Ihren Beauftragten als kompetent und einfühlsam, damit werden sowohl Sach- als auch Beziehungsebene bedient. Womit Sie Ihre Chance für einen gelungenen ersten Eindruck wahrgenommen haben!

Fazit: Gerade am Telefon entscheiden die ersten Sekunden über die Gesprächs-Atmosphäre wie auch über die Chance, einen zielgerechten Dialog zu entfalten. Die E-V-A-Struktur erleichtert Ihnen den Zugang zu Ihrem Gesprächspartner erheblich. Füttern Sie Ihre E-V-A-Datenbank regelmäßig – und schon gilt für Neukundengewinnung per Telefon: „Ooh, it's so easy …".

Tool 8: A-D-A-M für das Aktivieren von Kontakten

„Warum nach etwas Neuem greifen, wenn die Kunden sind so nah" ließe sich für viele Anbieter von Waren und Dienstleistungen formulieren, in Anlehnung an ein bekanntes Sprichwort. Und auch für zahlreiche andere Gelegenheiten – außer dem direkten Verkaufen – gilt, dass ein wahrer Schatz an möglichen Kontakten in alten Unterlagen verborgen ist. Ehemalige Mitarbeiter, die reaktivierbar sind, potenzielle Autoren oder Kunden-Testimonials, mögliche Lieferanten, die lange nicht mehr eingesetzt wurden, frühere Kunden, die lange nicht mehr gekauft haben, oder Interessierte, die das noch nie getan haben. Diese alle sind bereits vorhandene Kontakte, die einen gewaltigen Vorteil gegenüber absolut neuen („kalten") Kontakten bieten: Sie waren mit Ihnen bereits im Gespräch – Sie oder eine Person Ihres Unternehmens. Sie haben also einen klaren Anlass, sich dort telefonisch zu melden (siehe E-V-A, Tool 7), diesen Kontakt wieder aufzunehmen und fortzuführen. Während Sie über neue Kontakte versuchen, Kunden zu finden, geht es hier darum, bereits bestehende Kunden (Interessenten, Kontakte, …) zu binden.

Die besten Kontakte sind die bereits vorhandenen

Kunden binden 1:
Reaktivieren früherer Kontakte – leichter per A-D-A-M

Leitgedanke	Beispiel-Formulierung	Erläuterung
Anknüpfen	„Sie waren vor längerer Zeit mit uns in Kontakt. Thema war ABC. Darauf komme ich gerne zurück. Aktuell …"	Bekanntes aufgreifen: vom Bekannten zum Neuen
Dialog	„Und wie ist Ihr Stand der Dinge? Was hat sich da bei Ihnen vielleicht verändert?"	Fragen und Antworten
Antworten	„Dann ist es ja nur gut, dass ich bei Ihnen melde. Auf diese Weise können wir nun …"	… auf Einwandfragen
Multiplizieren	„Wie kann ich Ihnen sonst helfen? Womit wäre Ihnen gedient? An was sollten wir noch denken?"	Empfehlung, Themen
Danach	…	

Noch einfacher ist der Telefonkontakt, wenn Sie eine aktuelle Anfrage vorliegen haben. Dort gilt im Grunde das gleiche Schritt-für-Schritt-Vorgehen, Sie passen lediglich die Formulierungen an. Je rascher Sie persönlich per Telefon die Verbindung auffrischen, desto wärmer (oder gar „heißer") ist sie – und somit entsprechend stärker das Interesse Ihres Gesprächspartners!

Kunden binden 2: Aktivieren aktueller Kontakte – per A-D-A-M

Leitgedanke	Beispiel-Formulierung	Erläuterung
Anknüpfen	„Sie interessieren sich für ... Gerne habe ich Ihnen die Unterlagen zukommen lassen."	Bekanntes aufgreifen: vom Bekannten zum Neuen
Dialog	„Was möchten Sie von mir vertiefend wissen? Worüber sollten wir konkret sprechen?"	Fragen und Antworten
Antworten	„Eine interessante Frage! Genau deshalb, weil ...! Aah, das ist der Vorteil, dass wir jetzt direkt im Gespräch sind: ..."	... auf Einwand-Fragen
Multiplizieren	„Was sonst? Wer sonst? Wann sonst?"	Empfehlung, Themen
Danach	...	

Lassen Sie uns diese Schritte einzeln durchgehen und vertiefen!

Anknüpfen

Recherchieren Sie vor jedem Anruf

Was gibt Ihre Datenbank her, welche Informationen lassen sich aus alten Papierunterlagen gewinnen, woran erinnern Sie sich oder Ihre Kollegen oder Mitarbeiter? Helfen Sie mit den passenden Stichworten dem Angerufenen, sich rasch zu erinnern – denn zunächst kommt es zu den „unausgesprochenen Hörerfragen" (siehe Seite 112), die Sie umgehend beantworten sollten. Sorgen Sie vor Ihrem Anruf also für einige konkrete Anhaltspunkte:

- Wann war der Kontakt – der letzte Auftrag – die Anfrage?
- Wer hat bei wem wonach gefragt? Welche Produkte wurden abgenommen?
- Um welche Mengen ging es damals? Wie lange dauerte die Kundenbeziehung?

Alternativ fragen Sie ganz offen nach: „Herr … der Grund meines Anrufs ist: Ihr Unternehmen war mit dem meinen vor zwei, drei Jahren in Kontakt. Wir sind Anbieter von … Wissen Sie vielleicht, worum es damals gegangen sein könnte? Wer könnte angefragt haben? Was ist denn konkret Ihr Portfolio – ich habe auf der Website gesehen, …?!" Selbstverständlich gelten die E-V-A-Gründe auch hier, wenn Sie nach einem aktuellen Anhaltspunkt suchen: Lassen Sie recherchieren, was es Neues bei diesem Unternehmen gibt, und greifen Sie Neues auf Ihrer Seite auf (Mitarbeiterwechsel, Produktentwicklung, neuer Service, …).

Dialog

Natürlich haben Sie Ihren Argumente-Koffer zur Hand; schließlich wissen Sie am besten, was für Ihr Angebot, für Ihr Unternehmen spricht. Und mit Sicherheit verfügen Sie über ein Dutzend schlagender Argumente – oder auch mehr, etwa als ausführliche Liste von „FAQ – frequently asked questions". Doch welche der vielen Argumente sind genau für diesen einen Gesprächspartner relevant und überzeugend? Wenden Sie möglichst die folgenden Vorgehensweisen an, um empfängerorientiert gezielt Argumente zu platzieren:

Wählen Sie drei schlagende Argumente aus

- Sie wählen jene drei Argumente, die Sie am besten von Mitbewerbern unterscheiden. Vielleicht sind das Argumente zu Preis, Service und individueller Anpassung.
- Sie präsentieren drei Argumente, die im Grunde jeden Gesprächspartner aufhorchen lassen. Diese könnten etwa Schnelligkeit (just in time), Innovation (etwa energiesparend) oder Qualität (seit x Jahren bewährt, Six-Sigma-Treue) sein
- Sie zählen drei Argumente Ihrer Wahl auf – und fragen: „Was davon interessiert Sie an erster Stelle?" oder „Worüber möchten Sie mehr erfahren?"
- Sie zitieren eine dritte Person, indem Sie zum Beispiel eine Geschichte erzählen: „Kürzlich habe ich mit einem …-Leiter aus der …-Industrie telefoniert. Er hat mir aufmerksam zugehört und dann gesagt: Von den vielen Aspekten, die Sie mir genannt haben, interessieren mich eigentlich nur drei wirklich: 1. … , 2. …, 3. … Herr XYZ, wären das auch für Sie die drei entscheidenden Punkte, wenn es darum geht, ABC auch in Ihrem Unternehmen einzuführen?"

Grundsätzlich gilt die KISS-Formel, die in jeder Texter-Fibel auftaucht: „Keep It Short and Simple". Das ist der Appell, Ihre Gedanken in möglichst prägnante und einfache Worte zu kleiden. Darauf verweisen deutsche Sprichwörter wie „Fasse dich kurz!" oder auch „Weniger ist oft mehr", aus denen wir passend zum oben Gesagten wiederum ein anderes englisches Akronym bauen können: LESS, das unterschiedliche Facetten von „einfach" vereint:

L   Light
E   Easy
S   Simple
S   Short

Verkäufer entwickeln daraus gerne durch leichtes Verändern von Reihenfolge und Begriffen SELL, denn auch und gerade fürs Verkaufen gelten die Regeln der leicht verständlichen Kommunikation:

S   Simple
E   Easy
L   Light
L   Less

Fragen kostet nichts

Wie schaffen Sie es, zielgenau mit den passenden, ausgewählten Argumenten zu operieren, statt sie mit der Gießkanne zu verstreuen? Sie bedienen sich der Fragetechnik und erfahren im Dialog, womit genau Sie bei diesem Gesprächspartner landen können. Die im Folgenden vorgestellten Arten von Fragen erleichtern Ihnen die Punktlandung und eignen sich im Grunde für jeden Dialog.

Schließende Fragen

Schließende Fragen schaffen Klarheit

Auf schließende Fragen (klassisch „geschlossene" genannt) ist nur ein „Ja" oder „Nein" als Antwort möglich, beispielsweise: „Wäre das auch etwas für Sie?" Fragen dieser Art stellen Sie, wenn Sie Klarheit schaffen wollen: Ist dieser Gesprächspartner der richtige für Ihr Angebot? Kommen Ihre Lösungen überhaupt für das Unternehmen infrage? Besucht Herr XYZ die Branchen-Messe, zu der Sie ihn einladen möchten? Varianten sind:

- ▣ Alternativfragen: Statt „ja" oder „nein" ist hier die Auswahl zwischen zwei Angeboten möglich, etwa „Passt es Ihnen besser am Donnerstagnachmittag – oder gleich morgen früh um 9.30 Uhr?"

■ Kontakt- oder Kontrollfragen: Innerhalb einer längeren verbalen Präsentation beziehen Sie den Gesprächspartner in Ihre Gedanken ein und somit in den Dialog: „Drücke ich mich denn verständlich aus, Herr …?" oder „Ist das ein Argument, das für Sie relevant sein könnte?"

Schließende Fragen können in jeder Phase eines Telefonats sinnvoll sein, anders verhält es sich dagegen mit öffnenden Fragen.

Öffnende Fragen

Klassisch „offene" Fragen genannt, spielen sie eine wichtige Rolle im Mittelteil Ihres Dialogs, beim Informationsaustausch. Das beginnt mit der Bedarfsklärung: Was ist in welcher Form eventuell relevant für den Gesprächspartner? Es geht weiter beim Beantworten von Einwand-Fragen, wenn Sie ergründen, was konkret mit dem jeweiligen Einwand gemeint ist. Schließlich klären Sie jene Details, die hoffentlich dazu beitragen, dass Sie die optimale Lösung für den Bedarf Ihres Kunden präsentieren können. Welche Fragen sind es nun, die zu einer ausführlichen Auskunft motivieren? Im Deutschen sind es die W-Fragen, also jene, die mit einem Fragewort eingeleitet werden:

W-Fragen motivieren zu ausführlichen Antworten

Wer …? Was …? Wie …? Wann …? Wo …?

Doch Vorsicht ist geboten: Vermeiden Sie die Warum-Gruppe mit warum, weshalb, wieso. Sie erscheint investigativ und hat deshalb einen eher schließenden Effekt auf den Befragten. Gelegentlich antwortet hierauf schon mal jemand mit „Was geht Sie das denn an?!" oder „Das muss Ihnen genügen, mehr habe ich dazu nicht zu sagen!". Besser gefallen Ihrem Gesprächspartner

Ausnahme: Warum-Fragen wirken investigativ

■ Informationsfragen, die Sie mit einem solchen Fragewort einleiten: „Woran liegt es, dass …?" oder „Wozu bräuchten Sie …?" oder auch „Woraus entsteht der Eindruck …?"

■ Stufenfragen, beispielsweise eingeleitet mit „Welche/r/s …?" oder „Worüber …?"

Auf diese Weise tasten Sie sich allmählich in Dialogform an die passende Lösung heran.

Suggestiv-Fragen

Sie sind als Sonderfall einer schließenden Frage zu sehen im Sinne von: „Sie sind doch bestimmt auch der Meinung, dass …?" Vor einiger Zeit wurde ich selbst von einer mir persönlich gut bekannten Kollegin so angesprochen, wenn auch in etwas abgeschwächter Form: „Ich weiß jetzt nicht mehr genau – Du gehörst doch auch zu denen, die beim Start-Workshop am … dabei sein wollen und sich so den Subskriptions-Vorteil sichern können?" Das quittierte ich mit einem wohlwollenden Lächeln … Doch wie reagiert Ihr Kunde darauf?

Suggestiv-Fragen beschleunigen zähe Gespräche …

Welche Chancen schafft der Einsatz einer Suggestiv-Frage? Sie helfen einer zögernden Person über eine scheinbare Klippe hinweg und beschleunigen ein zäh fließendes Gespräch. Da Sie etwas suggerieren, kleiden Sie im Grunde Ihre Aussage in Frageform – und unterstellen zugleich, die Gedanken des anderen zu kennen. Da üblicherweise etwas „sozial Erwünschtes" formuliert wird, weil das der Frage nach von vielen anderen so gesehen wird, kommt es zu einer Art Horden-Effekt. Ergo kommen Sie Ihrem gewünschten Ziel schneller einen Schritt näher.

… können aber ein negatives Gefühl hinterlassen

Welche Risiken birgt die Suggestiv-Frage? Häufig zeitigt sie kurzfristigen Erfolg. Der Gefragte stimmt spontan zu, das Telefonat kann zügig in Ihrem Sinne fortgeführt werden. Ist es allerdings beendet (oder auch die Verhandlung bei einem persönlichen Treffen), kommt es häufig zu kognitiver Dissonanz: „Was habe ich denn da gemacht? Habe ich mich über den Tisch ziehen lassen? Was sollte das eigentlich, mit dieser Frage?" Was bleibt, ist eine Art schlechter Beigeschmack – und langfristig betrachtet ein eher negatives Gefühl. Prognose: Die nächsten Telefonate mit diesem Gesprächspartner werden schwieriger. Wenn er weiteren Personen Ihrer relevanten Zielgruppe davon berichtet, kann eine Negativwelle entstellen.

In welcher Situation wäre eine Suggestiv-Frage überhaupt sinnvoll eingesetzt? Wahrscheinlich dann, wenn Ihre Position im Gespräch eher aussichtslos ist, Sie also wenig Chancen sehen, mit diesem Gesprächspartner noch ans Ziel zu gelangen. Vielleicht hieven Sie ihn tatsächlich über eine scheinbar unüberwindliche Klippe und finden einen gemeinsamen Weg. Wenn Sie also einen Zauderer im Telefonat haben, dem Sie schon viele öffnende und dann schließende Fragen gestellt haben, ohne mit ihm voranzukommen und den Sie immer wieder mit seinem Namen angesprochen haben, ohne einen Erfolg verbuchen zu können, dann entschließen Sie sich ausnahmsweise, eine Suggestiv-Frage einzubauen. Zweifellos ist es weniger empfehlenswert, daraus eine generelle Strategie zu machen.

Rhetorische Fragen

Sie sind als Sonderfall der öffnenden Frage eher positiv zu werten und kommen bei Zauderern zum Einsatz, etwa: „… könnte die Frage entstehen: Welchen Nutzwert könnte Ihnen Produkt XYZ bringen? Die Antwort lautet: Es könnte …". Das heißt, sofort im Anschluss an Ihre Frage geben Sie selbst die Antwort darauf. Damit beziehen Sie Ihren Gesprächspartner mental ins Gespräch ein, weil er indirekt zur Antwort aufgefordert wird. Das bedeutet, er denkt über die gestellte Frage nach, womit Sie den dialogischen Charakter Ihres Telefonats verstärken. Wenn Sie allerdings mehrfach hintereinander rhetorisch fragen, wird sich Ihr Gesprächspartner frustriert abwenden: Stellen Sie lieber öfter echte öffnende Fragen!

Rhetorische Fragen nur dosiert einsetzen

Formulieren Sie Fragen affirmativ!

Bereits Ihre Art zu formulieren legt nahe, wie Ihr Gesprächspartner reagieren wird. Ihr Ziel ist, Motive zu finden und eine positive Erinnerung schaffen. Stellen Sie sich nun diese Frage vor: „… *heißt das, Sie möchten Produkt XYZ nicht haben?*" Die Antwort darauf wird schlicht „*Genau!*" lauten. Sie haben sicherlich bereits viele Fragen in dieser Art gehört, wandeln Sie nun diese Negativ-Formulierungen in positiv gerichtete Fragen um:

Fragen stellen: negativ / positiv
Ihr Aufgaben-Chart

Häufig gehört – negativ gepolt	Erfolgreicher wird es – positiv gepolt
„… heißt das also, Sie möchten Produkt XYZ nicht haben?"	
„… ist Ihnen zu teuer, verstehe ich Sie da richtig?"	
„Dann kommt unser spezieller Service für Sie gar nicht infrage?"	
„Warum möchten Sie denn XYZ nicht haben?"	
„Kann ich denn mit ABC gar nicht bei Ihnen landen?"	

…

Sie haben sich für einige Formulierungen entschieden? Hier finden Sie weitere Vorschläge, die das Gespräch in eine eher positive Richtung lenken:

Fragen stellen: negativ / positiv
Ihr Lösungs-Chart

Häufig gehört – negativ gepolt	Erfolgreicher wird es – positiv gepolt
„… heißt das also, Sie möchten Produkt XYZ nicht haben?"	„Mmh – was müsste denn anders sein, damit Sie Produkt XYZ haben möchten?"
„… ist Ihnen zu teuer, verstehe ich Sie da richtig?"	„Aah, Ihnen erscheint … eher hoch-preisig – auch im Verhältnis zu dem, was Ihnen dafür geboten wird?"
„Dann kommt unser spezieller Service für Sie gar nicht infrage?"	„Dann kommt unser spezieller Service für Sie im Moment weniger infrage?"
„Warum möchten Sie denn XYZ nicht haben?"	„Was ist denn der Grund, dass Sie bei XYZ noch zögern?" „Woran liegt es, …?"
„Kann ich denn mit ABC gar nicht bei Ihnen landen?"	„Wenn ABC Ihnen weniger zusagt, womit sonst könnte ich eventuell bei Ihnen landen?"

…

Der Brennpunkt liegt in der Wortwahl, mit der ein Sprecher unterschwellig und unbewusst seine eigene Erwartung mitschwingen lässt – die häufig gemäß der „self fulfilling prophecy" erfüllt wird. Die innere Haltung kann dann ihren Ausdruck finden entweder wie in der linken Spalte in Glaubenssätzen dieser Art …

- Ich glaube selbst nicht daran, dass ich bei diesem Kunden noch Erfolg habe.
- Ich verstehe bestens, dass du mein Produkt nicht willst.
- Ich kenne das – wer mal nein sagt, bleibt dabei.

… oder sie kann – wie in der rechten Spalte – Folgendes transportieren:

Transportieren Sie Ihre innere Haltung mit dem 3H-Prinzip

- Ich glaube, das wäre schon was für dich, Kunde, ich muss dich einfach noch besser überzeugen.
- Ich verstehe schon, dass du Gründe hast, eher nein zu sagen – ich liefere dir Gründe, dass daraus ein Ja wird.
- Natürlich akzeptiere ich dein Nein – doch erst im nächsten Schritt: Aus dem ersten Nein versuche ich noch ein Ja zu machen.

Diese Einstellung zeigt sich in dem Sprichwort fähiger Verkäufer und ehrgeiziger Kommunikatoren, das da lautet: „Hartnäckige Höflichkeit hilft" – das **3H-Prinzip**. Entscheidend dabei ist, den richtigen Moment für das Ende des „Nachbohrens" zu finden.

TIPP: Immer gleich und positiv abschließen

Das ganze Gespräch hindurch arbeiten Sie mit positiven Formulierungen und Fragen, etwa : „Was hat Sie denn seinerzeit bewogen, Mitglied bei … zu werden?" statt „Was war der Grund für Sie, … zu kündigen?". Empfehlenswert ist es, das Gespräch mit einer Standard-Schlussfrage abzuschließen, die dem Gesprächspartner ein gutes Gefühl mitgibt: „Gibt es noch etwas, wonach ich Sie nicht gefragt habe? Etwas, was Ihnen wichtig ist – etwas, was ich für Sie tun könnte?"

Multiplizieren Sie Ihre Kontakte

Zum Abschluss eines Gesprächs mit (länger) bestehenden Kontakten fragen Sie aktiv nach Empfehlungen. Sie gewinnen Empfehlungen, die Sie anschließend bei neuen Kontakten einspielen können. Mögliche Vorgehensweisen, die Sie situativ, variabel und durchaus offensiv einsetzen können, sind:

So gewinnen Sie Empfehlungen

■ Lassen Sie sich bestätigen, dass Ihr Input für ihn wertvoll ist. Fragen Sie dann, für wen sonst das auch gelten könnte.

■ Erinnern Sie ihn daran, dass er mit Ihrem Produkt, Ihrer Dienstleistung in der Vergangenheit zufrieden war, wenn im Moment auch kein weiterer Bedarf daran besteht. Fragen Sie dann, wer sonst davon profitieren könnte.

■ Loben Sie Ihren Gesprächspartner für seine exzellenten Kontakte (in der Branche, im Verband, …). Bitten Sie ihn dann darum, Ihnen konkrete Kontakte zu nennen, an die Sie sich wenden sollten.

■ Fassen Sie das Gespräch zusammen. Fragen Sie dann, was Ihr Gesprächspartner Ihnen empfehlen würde, um Ihr Angebot noch besser platzieren zu können: Wie anders präsentieren? Wem sonst präsentieren? Welche Plattform (Messe …) nutzen?

■ Fragen Sie konjunktivisch: „Wenn ich Sie jetzt fragen würde, Herr/Frau … – mit all Ihrer Erfahrung: Was empfehlen Sie mir – wen sonst sollte ich auf unser Angebot aufmerksam machen?"

■ Drehen Sie Ihre Frage um – und wenden Sie das Ausschlussverfahren an: „Ich bin natürlich immer interessiert, neue Kontakte für mein Angebot zu finden. Hmm, was würden Sie sagen – wo und bei wem könnte ich es mir auf jeden Fall sparen, aktiv zu werden?"

Damit verlocken Sie Ihren Gesprächspartner wahrscheinlich dazu, Ihnen eine positive Empfehlung zu geben. So oder so erhalten Sie wertvolle Informationen, die Sie übrigens wieder in eine Empfehlung ummünzen können: „Ein Branchen-Kollege von Ihnen hat mir empfohlen, doch mal … anzusprechen – deshalb rufe ich Sie an, Herr/Frau …!" (siehe E-V-A, Tool 7)

Wählen Sie für sich und Ihre Kollegen aus, welche Formulierungen Sie anwenden können und wollen. Testen Sie, gewinnen Sie Erfahrungen, tauschen Sie sich darüber aus, und optimieren Sie den

Multiplikations-Effekt: Woher sonst, wenn nicht von Altkunden und bestehenden Interessenten, sollten Sie auf leichte Weise Empfehlungen erhalten?

TIPP: Bieten Sie Ihrem Gesprächspartner einen Mehrwert

Geben Sie Ihrerseits Ihrem Gesprächspartner Empfehlungen während des Gesprächs. Das kann ein Hinweis auf einen Branchentrend sein, den Sie der Fachpresse entnommen haben – oder auch eine Studie, über die noch nicht berichtet wurde. Erinnern Sie ihn zum Schluss daran und ermuntern Sie ihn, diese Empfehlungen an andere Personen weiterzugeben: ein Mehrwert, den er Ihnen zu verdanken hat. Wenn Sie ihn dann um Empfehlungen für sich bitten, ist er sozusagen „in Ihrer Schuld" und wird einen Weg suchen, Sie zu unterstützen. Selbst wenn Sie jetzt keine konkrete Empfehlung erhalten, wird Ihr Kunde unterbewusst weiter daran denken, Sie bei Gelegenheit einer dritten Person zu empfehlen. Und sei es nur dadurch, dass er Ihre Empfehlung weitergibt – und Sie eventuell dabei zitiert.

Königsweg interne Kunden-Empfehlung

Sie haben Schlüssel-Formulierungen gefunden und vielleicht bereits probiert, um frühere Kontakte zu reaktivieren. Sie befassen sich damit, aktuelle Anfragen eleganter und erfolgsträchtiger handzuhaben. Und was ist mit Ihren Stammkunden, für die Sie tätig sind, die Sie beliefern? Mit diesen sind Sie ohnehin im Gespräch, betreiben Cross-Selling und schaffen Zusatzverkäufe (siehe auch Tool 12). Haben Sie damit alle Chancen genutzt, die sich Ihnen bieten? Ich möchte Sie ein drittes Mal auf das „M" in A-D-A-M hinweisen: Was an Multiplikation ist bei Ihrem Kunden XYZ möglich? Empfehlungen an Externe sind herzlich willkommen; doch kennen Sie das komplette Portfolio des Unternehmens, das kontinuierlich Jahr für Jahr fünf, acht oder zwölf Prozent mehr bei Ihnen ordert? Allerdings immer von der gleichen Leistung oder aus der gleichen Produktgruppe, sodass sich die Frage aufdrängt: Wissen Sie, was Ihre Stammkunden sonst noch so brauchen – und offensichtlich anderweitig einkaufen? Fragen Sie zum Beispiel nach

Was wissen Sie über Ihre Stammkunden?

▪ anderen Produkten: Wenn ja – vielleicht können Sie die ebenfalls liefern. Oder Sie erweitern Ihr Angebot, suchen sich entsprechende Lieferanten oder produzieren selbst, wenn die Nachfrage relevant groß ausfällt.

Welchen Bedarf könnten Sie zusätzlich decken?

131

- anderen Bereichen der Wertschöpfungskette – siehe das Service-Thema: Vielleicht könnten Sie komplette Leistungsteile extern übernehmen (Outsourcing) oder von Ihnen gelieferte Teile stärker veredeln.
- einer erweiterten Produktpalette – wenn Sie als Hersteller einen Zwischenhändler beliefern, wäre der vielleicht interessiert, auch andere Ihrer Produkte an seine Kunden zu liefern.
- Schulungs-Unterstützung: Welches Know-how bieten Sie, was Ihrem Kunden intern oder dessen Kunden extern helfen würde, die von Ihnen gelieferten Produkte besser einzusetzen?

Derartige Gedanken regen Kunden oder Sie eventuell zu Diversifizierungs-Überlegungen an: Im Einklang erweitern Sie beide Ihr Angebot, gewinnen Marktanteile und indirekt neue Kunden, ohne selbst in die Akquisition neuer Kontakte investiert zu haben. Sie nutzen vielmehr höchst professionell den bestehenden Kontakt. Im Folgenden ein Gesprächsleitfaden mit möglichen Fragen.

Kunden binden 3:
Aktivieren aktueller Kundenkontakte – perfekt per A-D-A-M

Leitgedanke	Beispiel-Formulierung	Ihre Gedanken dazu
Anknüpfen	„Dann sind wir mit dem aktuellen Thema so weit einig, Herr ABC?"	
Dialog	„Was wäre denn aus Ihrer Sicht noch zu klären?"	
Antworten …	„Schön, dass Sie weiter mit uns zufrieden sind – besonders die Qualität haben Sie hervorgehoben …"	
Multiplizieren	„Ist es in Ordnung, wenn ich gerade noch eine Frage anschließe? … Sie sind ja Anbieter von … – wenn ich das recht verstehe, ist unser … ja nur ein Teil Ihres Portfolios. Da wir eine angenehme Zusammenarbeit haben, würde ich gerne helfen, dass Sie möglichst umfangreich von unserer hohen Qualität profitieren können … In welchen Bereichen gäbe es denn da Ansätze? Kennen Sie unsere …?"	
Danach	…	

Notieren Sie am besten gleich, wen von Ihren Kunden Sie konkret ansprechen (lassen) möchten – vielleicht schon mit Ideen, womit Sie dienen könnten ...

Sollte sich aus Ihrem Nachfragen kein unmittelbarer Ansatz ergeben, haben Sie jedenfalls dies erreicht:

- Ihrem Kunden signalisiert, an seinem Erfolg interessiert zu sein. Das stellt eine wichtige Form der Wertschätzung dar.
- Ihren Kunden informiert, was alles Ihrerseits möglich wäre – er kann das an Dritte weitergeben.
- Bei Ihrem Kunden weiteres Nachdenken angestoßen, das, wenn nicht gleich morgen, so vielleicht übermorgen neue Chancen eröffnet.
- Für sich selbst Anregungen erhalten, die Sie intern kreativ weiter entwickeln können.

Außerdem ergeben sich aus den meisten Gesprächen neue Ansätze fürs nächste Gespräch mit einem anderen Kunden: Viel Erfolg dabei!

Fazit: A-D-A-M ergänzt E-V-A optimal und umgekehrt. Das gilt für die Gesprächsstruktur und Ihren Leitfaden genauso wie für die Vorgehensweise: Über bestehende Kontakte erhalten Sie Empfehlungen für neue, mit denen Sie die Anzahl potenzieller Kunden erweitern. Neue Kunden wiederum bieten Ihnen Anlässe, frühere Kunden anzurufen und zu reaktivieren. Es gilt also: „Das eine tun, ohne das andere zu lassen."

Tool 9: C-M-C (Call-Mail-Call) für „gezielt statt Gießkanne"

Erst telefonieren oder erst Post schicken?

„Ich schicke lieber erst einen Brief oder eine E-Mail an die Person, die ich anrufen will. Dann habe ich ein besseres Gefühl, als wenn ich einfach so anrufe." Diese Aussage höre ich von Projektmitarbeitern, Vertriebsleuten und anderen Angestellten. Bei erstmaligen Kontakten spielt oft der rechtliche Aspekt eine Rolle, wobei ein vorab geschickter Brief die juristische Situation nicht ändert. Doch von welcher Erfahrung wird immer wieder berichtet, ohne dass sich die Vorgehensweise spürbar ändern würde? Ein hoher Prozentsatz der vorab geschickten Informationen landet im (wirklichen oder elektronischen) Papierkorb und wird keineswegs zur Kenntnis genommen. Von jenen, die am Telefon sagen „Ach ja, habe ich gesehen …", hat nur ein kleiner Teil wirklich gelesen, was sie erhalten haben. Meist sind solche Aussagen Schutzbehauptungen, die eine Aussage ähnlich dieser einleiten: „… und das ist für uns nicht interessant". Jetzt gehen Sie als Anrufer einmal positiv mit dieser generellen Ablehnung um! Zwar ist das möglich – defensiv oder offensiv: „Ooh – dann verzichten Sie allerdings auf …" oder „Ach – Sie lehnen etwas ab, worüber Sie noch kaum etwas wissen?" und „Deshalb rufe ich Sie ja an, damit Sie …". Letztlich jedoch machen Sie sich das Leben einfacher, wenn Sie *vor* dem Versenden von Unterlagen den persönlichen Kontakt telefonisch herstellen.

Mit Ihrem Anruf qualifizieren Sie vorab

Für das Telefonieren *vor* dem Versenden der Unterlagen sprechen diese Argumente:

- 90 Prozent der unangekündigten Sendungen landen im Papierkorb. Briefe und besonders E-Mails werden bei bestehender Kundenbeziehung nur zu 30 bis 50 Prozent wahrgenommen.
- Ihr Gesprächspartner entscheidet aufgrund überflogener Informationen und seiner eigenen Vorbehalte, ohne dass Sie darauf Einfluss nehmen können. Eine negative Entscheidung zu verändern, erfordert erhebliche Energie.
- Unterlagen kosten – selbst in Zeiten von E-Mail und pdf-Anhang blähen Bearbeitungszeit und die Abschreibung von Software usw. den Kostenblock auf, bei der Briefpost Kuvert, Papier, Druck und Porto. Und nach all diesen Kosten und Mühen hören Sie als

Anrufer oft: „Oh, das klingt durchaus interessant. Die Info ist verloren gegangen – können Sie mir die nochmals schicken?"

▪ Unterlagen gehen tatsächlich verloren – weil der Ansprechpartner sich geändert hat oder die Funktion des noch gültigen Ansprechpartners. Nach dem Telefonat wissen Sie das – und schicken neuerlich die Infos.

▪ Angekündigte Informationen bleiben hoffentlich oben auf dem Stapel, den Ihr Gesprächspartner zu bearbeiten hat. Unangekündigte und dennoch wahrgenommene Unterlagen landen dagegen meist tiefer unten.

Hat Sie das überzeugt? Dann plädieren Sie für **Call-Mail-Call:**

> **C-M-C:**
> **Weniger Aufwand,**
> **mehr Erfolg**

▪ Erst anrufen, qualifizieren, ankündigen: CALL
▪ Dann schicken – elektronisch oder Papier: MAIL
▪ Erneut anrufen – jetzt haben Sie und Ihr Gesprächspartner eine übereinstimmende Informationsbasis: CALL.

Wer sich entgegen dieser Argumente bewusst dafür entscheidet, vor dem ersten Telefonat Unterlagen unangekündigt zu verschicken, tut dies, weil er sich willkommener fühlt und beim Einstieg argumentieren kann: „… und wir haben Ihnen dazu geschrieben!" Wenn dies eine anspornende Wirkung auf die mentale Einstellung des Telefon-Marketers und die Qualität der Gesprächsführung hat, mag sich das Ergebnis der Anrufe positiv verändern. Das wiederum kann einen Teil des Mehraufwands vieler vorab verschickter Unterlagen ausgleichen.

Verzichtet wird jedenfalls auf diesen Zugang versprechenden Effekt: Weit über 90 Prozent der Empfänger von Postsendungen öffnen diese, wenn Sie sie *erwarten* – und wissen, dass der Absender erneut anrufen wird. Zwar gibt es gelegentlich Wiederholungstäter, denen Sie Unterlagen ein zweites oder gar drittes Mal zuschicken müssen, obwohl Sie vor dem ersten Versand angerufen und die Post angekündigt hatten. Dennoch reduzieren Sie Ihren Aufwand im Vergleich zu dem des Vorabschickens enorm!

TIPP: Bauen Sie Interesse-Checks ein

Wenn Sie sich vergewissern möchten, ob Ihr Gesprächspartner ernsthaft gewillt ist, sich mit Ihnen und Ihrem Anliegen zu beschäftigen, warten Sie nach Ihrem ankündigenden (zweiten) Anruf einige Tage ab. Rufen Sie dann erneut an und tun so, als hätten Sie Unterlagen geschickt. Hören Sie nun etwas Ungeduldiges wie „Ja, ja, habe ich gesehen – kommt für uns aber nicht infrage!", wissen Sie, dass Sie sich hier sehr engagieren müssten, um zum Erfolg zu kommen. Erfahren Sie dagegen, es sei nichts angekommen, bedauern Sie dies – und kündigen einen neuen Versand an.

C-M-C als Nachfass-Aktion

Telefonisch nachfassen im Handel

Besonders für Versandhandels-Unternehmen ist das Telefon-Marketing als Nachfass-Instrument bestens geeignet. Das Angebot erfolgt zunächst in schriftlicher Form, als Mailing (White Mail = gedruckt, E-Mail = elektronisch). Je nachdem, wie viel Erfolg Sie mit dieser schriftlichen Aktion verbuchen konnten, ist es sinnvoll, die Zielgruppe außerdem telefonisch anzusprechen:

- Bei geringem Erfolg ist im persönlichen Gespräch mehr zu erreichen und zu erfragen: „Woran es liegt, dass Sie noch nicht geantwortet haben?" (vermeiden Sie zu fragen, warum er/sie noch nicht bestellt hat: kommunizieren Sie indirekt).
- Bei gutem Erfolg lässt sich telefonisch auch noch deutlich mehr erreichen, weil Sie auch jene ansprechen, die das Angebot dieses Mal nicht zur Kenntnis genommen haben (weil abgelenkt, zu viel Post auf einmal …).
- Bei zufrieden stellendem Erfolg überlegen Sie für künftige Angebote dieser Art, ein mehrstufiges Vorgehen zu testen.

Damit ist gemeint, dass Sie schriftlich zunächst ausführliche Informationen über Ihr Produkt oder Ihre Dienstleistung anbieten. Mit der Antwort holen Sie sich die Erlaubnis für den aktiven Anruf, etwa indem Sie im Response-Element (Coupon) eine „Telefonnummer (für weitere Infos)" angeben lassen. So können Sie per Telefon nachfassen, um den Kauf zu platzieren. Auch hier gilt: Sie rufen den Interessenten möglichst an, *bevor* Sie ihm die angekündigten schriftlichen Informationen zusenden. Als Begründung dafür können Sie anführen, diese konkret auf seinen Bedarf hin zusammenzustellen (Fallbeispiele siehe Cross-Selling, Tool 12).

C-M-C macht Sie flexibel bei Einwänden

Gelegentlich lehnen Telefon-Verkäufer das Versenden von Unterlagen vehement ab, weil damit das Nein des Kunden doch nur verschoben werde und nichts gewonnen sei. Doch höre ich von anderen Akquisiteuren, dass sie sich innerhalb ihres Telefon-Dialogs für besonders flexibel halten, wenn sie auf Einwände stoßen: „Vorschlag, Herr Kunde: Ich schicke Ihnen … ? dann haben Sie das Schwarz auf Weiß!" ist eine passende Antwort auf viele Einwände, etwa auf diese:

▨ „Sie können mir ja viel erzählen – ob das nachher auch wirklich so ist?"
▨ „Am Telefon schließe ich grundsätzlich keinen Vertrag ab!"
▨ „Das ist viel Geld – und was kriege ich dann dafür?"
▨ „Das schaue ich mir lieber im Laden an."
▨ „Dafür habe ich jetzt keine Zeit!"
▨ „Ich kenne Sie ja gar nicht!"
▨ „Ach, da bleibe ich lieber bei meinem Lieferanten – da weiß man, was man hat."
▨ „Klingt mir zu kompliziert, damit möchte ich mich nicht beschäftigen."
▨ „Da muss ich erst einmal mit … reden."
▨ „Also, wir vergleichen immer erst mehrere Anbieter."
▨ „Soso – und was meinen Sie jetzt genau mit …?"

Das passt bei Einwänden: Unterlagen zuschicken

Sie vereinbaren beim ersten Call (dem „Kalt"-Kontakt) grundsätzlich eine weiche Variante – Sie bieten Unterlagen. Damit nehmen Sie auch jenen Kunden den Wind aus den Segeln, die Ihre Bemühungen mit genau diesem Wunsch stoppen möchten: „Schicken Sie mir etwas Schriftliches!" – und hoffen, dass dies abgelehnt wird, womit die Verbindung abbrechen würde. Nun nimmt der Anbieter genau diesen Wunsch auf und erfüllt ihn, womit in jedem Fall der Kontakt schon einmal „angewärmt" wird.

Allerdings ist für Ihren weiteren Erfolg entscheidend, dass Sie diesen Wunsch näher qualifizieren und den Kontakt verbindlicher machen. Das tun Sie sukzessiv mit Formulierungen dieser Art:

Qualifizierung macht den Kontakt verbindlicher

Qualifizierungs-Schritt	Mögliche Formulierung	Ihre Formulierung
Kunde bestätigen und zugleich „verpflichten"	„Schön, Sie sind ja wirklich interessiert …" „Sie haben sich also schon mit dem Gedanken befasst …"	
Wunsch akzeptieren bzw. auf Unterlagen selbst anbieten	„Sie möchten gerne etwas Schwarz auf Weiß – das mache ich gerne für Sie!" „Bevor ich Ihnen lang und breit erkläre … – soll ich Ihnen unsere …schicken?"	
Schriftliche Informationen konkretisieren und präzisieren	„Dann erhalten Sie in den nächsten Tagen ein Info-Päckchen. Darin enthalten sind: 1. … 2. … 3. …"	
Vereinbarung mit Gesprächspartner dazu treffen	„Ist das so in Ihrem Sinne, Herr XYZ? Sie finden dann auch eine Viertelstunde Zeit, sich damit zu befassen? Achten Sie bitte vor allem auf … – ich klebe ein Post-it auf die Seite, O.K.?"	
Individuelle Lösung und Exklusivität der Unterlagen betonen	„Sie werden sehen, ich habe für Sie gleich die passenden Broschüren zusammengestellt. Statt lange zu suchen, haben Sie genau …!"	
Nächste Schritte dazu erläutern	„Wenn Sie die passende Version für sich entdecken, können wir gerne weitere Details besprechen. Oder wir schauen nach einer passenden Alternative."	
Weiteren Anruf konkret vereinbaren	„Notieren Sie gern Ihre Fragen dazu – ich rufe Sie dann wieder an in, sagen wir mal fünf Tagen. Genügt Ihnen das? Das wäre dann der x-te, das ist ein Mittwoch. Welche Uhrzeit ist da gut für ein Telefonat von vielleicht 10, 15 Minuten?"	
Unverbindlichkeit der Unterlagen wiederholen	„Natürlich ist das völlig unverbindlich für Sie! Ich möchte nur sicher sein, dass Sie bitte jedenfalls anschauen, was Sie erhalten."	
Eigene Erwartung fürs nächste Telefonat herausarbeiten	„… damit wir über konkrete Fragen sprechen können, beim nächsten Telefonat. Vielleicht zeigen Sie die Unterlagen gleich auch anderen Personen, die Sie einbeziehen möchten?"	

Das sieht aufwändiger aus, als es in Wirklichkeit ist. Sprechen Sie diese Sätze einmal in Ihrem normalen Redetempo und stoppen Sie die Zeit. Wenn Sie überlegen, welcher Aufwand erforderlich ist, Unterlagen vorzubereiten und zu versenden, ob nun als Print-Version oder elektronisch, und was das an Verpackungsmaterial und Porto erfordert, ist eine solche Vorklärung jedenfalls angebracht. Denn Sie stellen sicher, dass Ihre Unterlagen genutzt werden. Und Sie haben zugleich für ein positives Entree beim nächsten Anruf gesorgt. Auch wenn Sie mit Ihrem ersten Call Unterlagen ankündigen, statt sie einfach zu schicken, passt der zweite Satz im ersten mittleren Feld der Tabelle!

Übernehmen Sie die Gesprächsführung

Wenn Sie wie beschrieben bewusst Unterlagen in Ihre Gesprächsstrategie am Telefon einbauen, gilt es, den Partner dafür zu öffnen. Dies betont Ihre Rolle in der Gesprächsführung. Wenden Sie dafür gezielt Elemente und Formulierungen an, mit denen Sie das Gespräch im Griff behalten:

Das Gespräch im Griff behalten …

- *Stellen Sie Fragen* – damit lenken Sie die Gedanken des anderen in die gewünschte Bahn und setzen die inhaltlichen Leitplanken.
- *Machen Sie Angebote und Vorschläge* – mit ihrer Hilfe setzen Sie die Themen im Gespräch: „Einverstanden, wenn ich …?"
- *Fordern Sie Ihren Gesprächspartner zur Aktion auf,* indem Sie die grammatische Form des Imperativs verwenden: „Sagen Sie mir doch bitte, wie …!" oder weicher den erweiterten Infinitiv: „Dann scheint es am besten, gleich den Antrag auszufüllen, damit …!"
- *Vergewissern Sie sich, haken Sie nach*: „Habe ich richtig verstanden, dass …?", „Sie sind also einverstanden, wenn wir …?" – so vermeiden Sie Missverständnisse.
- *Kündigen Sie die nächsten Gesprächsschritte an*, wenn Sie deutlich machen wollen, dass Sie das Gespräch lenken: „Lassen Sie uns …" – „Wollen wir …?" – „Sie erlauben die Frage: …?" – „Wenn das so für Sie ausreichend ist – darf ich zum nächsten Punkt kommen?"
- *Beschreiben Sie, was Sie parallel tun*, um das Gespräch und das weitere Vorgehen voranzubringen: „O.K. – ich schaue gerade mal im Computer nach … Ah, ich sehe, Sie … Da kann ich Ihnen

folgenden Vorschlag machen – und der gilt ausschließlich für Sie persönlich: …"

- *Fassen Sie zusammen* – am Ende des Gesprächs auf jeden Fall, und auch zwischendurch: Damit bringen Sie das Diskutierte auf den Punkt, für sich und für Ihren Gesprächspartner!

…und Gesprächsziele abstimmen Stimmen Sie auf diese Weise die Ziele ab, die Sie im Einklang mit dem Gesprächspartner zu erreichen hoffen: Besuchstermin, Angebot, Informationen, Kauf-Vorbereitung, Beteiligung an Aktion, Zusage eines Beitrags. Seien Sie dabei beweglich, statt auf dem einmal definierten „großen" Ziel zu beharren – wie sagt der Volksmund? „Besser den Spatz in der Hand als die Taube auf dem Dach."

Gute Zeiten, schlechte Zeiten

Definieren Sie optimale Anrufzeiten Wann die beste Zeit für Telefonate ist, hängt naturgemäß von den Beteiligten ab – von Ihnen und Ihrem Gesprächspartner. Für Personen aus einer spezifischen Gruppe gelten üblicherweise ähnliche Zeiten, die gut passen. Einige Beispiele:

- Bestimmte Berufe haben „Aus-Zeiten", in denen sie unterwegs oder nicht erreichbar sind und deshalb nur vor 8 oder nach 18 Uhr angerufen werden können. Das gilt zum Beispiel für Handwerker, Ärzte, freie Berufe oder Einzelhändler.
- Privatleute sollten Sie erst ab 8 Uhr morgens und nur bis 20 Uhr anrufen. Der Deutsche Direktmarketingverband hat dies zu einer Regel gemacht.
- In manchen Unternehmen gibt es Pausenzeiten: Prüfen Sie die Ihren – vielleicht ist ein Notdienst hilfreich, Rückruf-Spiralen zu vermeiden. Beachten Sie die Zeiten anderer Unternehmen, dann arbeiten Sie effizienter. Behörden haben fix vorgegebene Öffnungszeiten.
- Bleiben Sie in Ihrem Biorhythmus. Wählen Sie fürs Telefonieren Ihre Hoch-Zeiten, soweit möglich. Erreicht Sie ein Anruf in einem Rhythmus-Tief, bringen Sie Ihren Kreislauf in Schwung!
- Urlaubzeiten: Planen Sie die Ferien der Bundesländer mit ein, dazu die sogenannten Brückentage – wenn am Donnerstag Feiertag ist, wird häufig der Freitag freigenommen, damit ein langes Wochenende entsteht.

Welche weiteren branchenspezifischen Zeiten fallen Ihnen ein, die Sie zu berücksichtigen haben – etwa Werksferien oder Ähnliches? Definieren Sie für Ihre Situation optimale Anrufzeiten, vielleicht unterschiedliche für verschiedene Personengruppen bei Ihnen, bei Ihren Geschäftspartnern oder je nach Aufgabe:

Überlegen Sie, wie Sie diese Erkenntnisse in Ihre Alltagsarbeit oder die Ihrer Mitarbeiter einbauen können:

Optimierte Telefonkontakte machen Ihre Arbeit effizienter

▓ Konzentriertere Schreibarbeit in telefonfreien Zeiten
▓ Effizienteres Telefonieren zu optimierten Zeiten
▓ Kommunizieren Ihrer telefonischen Erreichbarkeit an die Partner
▓ Verändern genereller Arbeitszeiten zur Optimierung der Telefonkontakte

Was die Veränderung genereller Arbeitszeiten betrifft, so ist ein frühzeitiger Kontakt zum Betriebsrat häufig hilfreich. Ihre Telefonplanung können Sie mithilfe der folgenden Tabelle übersichtlich gestalten.

Telefonische Erreichbarkeit und Bereitschaft

Zielgruppe	Morgens	Vormittags	Mittags	Nachmittags	Abends	Samstags
	7–8/9 Uhr	9–12 Uhr	12–14 Uhr	14–17/18 Uhr	17–20 Uhr	10–12/–16 Uhr

Fazit: Entgegen anders lautender Empfehlungen: Setzen Sie schriftliche Unterlagen ein, wenn Sie telefonisch Erfolg haben möchten. Tun Sie dies nach vorheriger Absprache mithilfe des C-M-C-Systems: Erst anrufen, dann schicken, dann wieder anrufen. Wobei Sie am Ende des ersten Telefonats hervorheben, dass Sie nochmals anrufen werden …

Kapitel 5: Reklamationen als Chance

Einleitung: Situationen vielfach nutzen

Gutes Beschwerde-management stärkt die Kundenbindung

Dieses oder Ähnliches haben Sie bestimmt auch schon gehört: „Jetzt warte ich schon fünf Tage auf die Lieferung, die Sie mir fix zugesichert haben!!", beschwert sich der Kunde. Oft folgen darauf wenig weiterführende Antworten wie „Dafür bin ich nicht zuständig – Da kann ich auch nichts machen – Hätten Sie halt früher angerufen – Das sind die Abläufe, für die anderen Kunden ist das auch in Ordnung – Das kann doch gar nicht sein – Davon habe ich ja noch nie gehört – Das haben wir immer schon gemacht" usw.

Seit einigen Jahren untersucht das Marketing-Institut von Dr. Anton Meyer an der LMU München die Kundenzufriedenheit in Deutschland als „Service-Barometer" für diverse Branchen. Manches Mal gibt es Verbesserungen, häufig werden die Werte des „Kunden-Monitor Deutschland" schlechter (siehe www.kundenmonitor.de). Dabei wäre es so einfach, gerade diese Chance aufzugreifen, in der ein unzufriedener Kunde selbst Kontakt zum Unternehmen aufnimmt und ihm so eine weitere Chance bietet. Das Prozedere dafür finden Sie in Tool 10 „Konflikte lösen am Telefon mit der DIALOG-Struktur". Neue Chancen erkennen Sie mit Tool 11 „Marktforschung". Dass Kunden, die mit Ihrem Beschwerde-Management zufrieden sind, eine deutlich stärkere Bindung aufweisen als „Allerwelts-Kunden", die keinen Grund zur Reklamation hatten, nutzen Sie positiv mit Tool 12 „Cross-Selling". Denn wenn Sie, wenn Ihre Mitarbeiter die berühmte „Meile mehr" gehen, dann tut Ihr Kunde auch ein wenig mehr für Sie, weil er sich unbewusst verpflichtet fühlt und dankbar ist.

Vor allem in der Telefon-Kommunikation gibt es wichtige Parameter, die entscheidend sein können:

Gleiche Ansprechpartner und schnelle Lösungen

▨ Bieten Sie „One face to the customer": Der Kunde möchte eine 1:1 Situation erleben, statt immer wieder neue Gesprächspartner zu haben. Vermeiden Sie „Buchbinder-Wanninger"-Telefonate, wie sie Karl Valentin schon vor Jahrzehnten gespielt hat.

▨ Die sogenannte „First contact solution rate" sollte einen möglichst hohen Wert erreichen. Sie bedeutet, dass bereits der erste (Beschwerde-)Anruf in eine Lösung münden sollte, zumindest aber ein hoher Prozentsatz davon.

In Call-Centern gehören diese Qualitätswerte zum Standard, daneben auch ausschließlich quantitative Messwerte:

Lassen Sie Ihre Kunden nicht warten

▨ 80/20-Verhältnis (besser: 90/10): 80 Prozent aller Anrufer werden innerhalb von 20 Sekunden bedient (bzw. 90 Prozent innerhalb von 10 Sekunden).

▨ Geringe (durchschnittliche) Wartezeit – möglichst nur wenige Sekunden. Die alte Regel lautet „spätestens beim dritten Läuten" hat der Kunde einen Menschen am Telefon (nicht etwa die Warteansage vom Band oder minutenlange Begleitmusik in der Warteschleife).

▨ Abbruchquote ist minimal – denn jeder auflegende Kunde ist ein potenzieller Verbreiter negativer PR über Ihr Unternehmen.

Denn jede – aus Sicht des Kunden immer überflüssige – Wartezeit erhöht den Puls des Kunden, statt ihn ruhiger werden zu lassen. Schaffen Sie die nötigen Voraussetzungen, damit sich die berechtigten Erwartungen Ihres Kunden erfüllen: 1. freundlich, 2. schnell, 3. kompetent soll die Reaktion erfolgen. Die oben genannten Werte beziehen sich auf das Thema „schnelle Reaktion" (also auf das „Können" des Angerufenen, abhängig unter anderem von mindestens ausreichender personeller Belegung und technischer Ausstattung). Freundlich mit dem Anrufer zu kommunizieren, hat etwas mit der Einstellung des Mitarbeiters am Telefon zu tun („wollen"); die Kompetenz mit den Rahmenbedingungen („dürfen").

**Schulungen
helfen Distanz
zu wahren**

Zu den Grundlagen in Schulungen für Reklamations-Mitarbeiter sollte gehören, seine Rolle klar zu definieren und sich auszumalen: „Ich stehe für das Unternehmen ein und ich verstehe die Situation des Reklamierenden – ich weiß, dass nie ich als Person gemeint bin." Diese Distanz zu wahren, fällt auch versierten Help-Deskern manchmal schwer: Sie sollten deshalb immer wieder daran erinnert werden. Greifen Sie zu diesem Zweck auf gute Erfahrungen mit Rollenspielen zurück oder erweitern Sie das Kommunikationsspiel aus dem ersten Kapitel: „Stellen Sie sich bitte vor, Sie sind mit Ihrer Nachbarin oder Ihrem Nachbarn im Gespräch – Thema ist eine aktuelle Reklamation bei einer Bestellung per Post. Reden Sie einfach darüber, was dabei passiert ist …" Diese persönliche, private Situation ist durchaus als Analogie zu einer Beschwerde zwischen zwei Unternehmensvertretern zu erleben – und sie ist geeignet, daraus abzuleiten, was eine reklamierende Person loswerden und erhalten will. Damit wächst das Verständnis für Anrufer mit derartigen Wünschen bei den Mitarbeitern.

TIPP: Die Begrüßung legt den Grundstein für ein positives Gespräch

Wer vor allem Reklamationen entgegennimmt, bestimmt durch die Art der Begrüßung die Gesprächsatmosphäre entscheidend. Es hat seinen Grund, dass viele Unternehmen die ergänzende Frage vorschreiben: „… Was kann ich für Sie tun?". Diese wirkt mehrfach, vorausgesetzt, sie klingt ernst gemeint statt einfach dahingesagt. Das erreicht, wer einen solchen Satz genauso langsam spricht wie die eigentliche Begrüßung und mithilfe der Stimme moduliert. Zudem empfiehlt es sich, die Formel zu verändern, damit 1. ein Wiederanrufer etwas anderes hört, 2. der Sprecher nicht ins Schludern gerät: „… Was kann ich heute für Sie tun?" oder „… ganz Ohr für Sie!" oder auch „… Was möchten Sie, dass ich für Sie tue?" Erfreulicher Nebeneffekt ist, dass aufgebrachte Anrufer ein wenig länger zuhören müssen, wenn auch nur wenige Sekunden – und so „gezwungen" sind, sich zu entspannen.

Erwartung & Erfüllung

**Grenzwertige
Versprechen
provozieren
überflüssige
Reklamationen**

Die Basis für Reklamationen legen Sie selbst, indem Sie bei Ihren Kunden und Geschäftspartnern durch Ihre Aussagen und Versprechen bei Ihren Angeboten Erwartungen wecken. Um im Wettbewerb zu bestehen, werden häufig ambitionierte Serviceversprechen gegeben:

▓ Lieferung innerhalb von 24 Stunden: Da überliest der Kunde schon mal, bis zu welcher Uhrzeit die Bestellung vorliegen muss.

▓ Lieferung versandkostenfrei: Dass dies erst „ab … Euro" gilt, ignoriert mancher Kunde frei von bösem Willen.

▓ Individuelle Ausstattung, Firmeneindruck usw.: Mehrkosten oder verlängerte Lieferzeiten werden vom Kunden ausgeblendet.

Welche grenzwertigen Aussagen Ihres Unternehmens fallen Ihnen ein, bei denen mancher Kunde zusätzliche Vorteile gerne mitnimmt, ohne die Einschränkungen zu beachten? Wie reagieren Sie darauf, wenn es zur Reklamation kommt? Kommen Sie diesen Kunden in irgendeiner Weise entgegen? Informieren Sie Ihre Service-Mitarbeiter darüber, damit sich diese frühzeitig auf mögliche Anrufe einstellen können?

Angebotsversprechen	Mögliche Reklamation	Ihr Entgegenkommen

Entsprechend sollten Sie den Service informieren, wenn Ihre Routineabläufe gestört oder verändert werden, sei es durch

▓ Produktionsengpässe wegen erhöhter Bestellungen oder verminderter Zulieferung,

▓ Lieferverzögerungen, etwa wegen Bahnstreiks, Unfällen im Winter, Erkrankungen oder

▓ Ausstattungs-Veränderungen, beispielsweise weil ein Lieferant gewechselt werden muss oder Ersatzmaterialien eingesetzt werden.

Gibt es in Ihrem Metier viele „Knackpunkte", Schwachstellen und kritische Phasen, die sich schwer voraussagen lassen? Dann folgen Sie vielleicht dem Beispiel von Lufthansa, die vor Jahren damit zu kämpfen hatte, dass viele Passagiere erst mit erheblicher Verspätung ihren Zielflughafen erreichten – bei Inlandsflügen! Nach einer ein-

Welches sind Ihre reklamationskritischen Punkte?

fachen organisatorischen Umstellung sank die Beschwerderate sensationell tief: In den Flugplänen wurde einfach mehr Zeit eingerechnet als eigentlich nötig, wenn alles normal lief. Nunmehr erreichte ein großer Teil der Passagiere ihr Ziel sogar *vor* der ausgewiesenen Zeit. Clever gelöst!

Aber warum verzichtet die Bahn darauf, ähnlich zu verfahren und so der Hauptkritik zu entgehen: Verspätung – typisch Bahn? Der Zeitplan-Trick funktioniert nur dort, wo Sie möglichst nur einen Zielort zu organisieren haben. Selbst beim ICE mit wenigen Halten auf der Gesamtstrecke durch ganz Deutschland gibt es bereits zu viele Halte, von denen aus wieder nach ausgewiesenem Plan zu starten ist. Mit der Anzahl der Fehlerquellen kompliziert sich die Lösung!

Erwartungen übererfüllen: Pro!

Positive Überraschungen wirken mehr als Rabatte

Indem sie Zeitpuffer einbaut, erreicht es die Lufthansa, die Erwartungen ihrer Kunden zu annähernd 100 Prozent zu erfüllen. Damit schafft sie zufriedene Kunden, jedoch nicht mehr: Wird von einer anderen Fluggesellschaft die gleiche Leistung erbracht und dazu noch etwas mehr, wechseln diese Kunden bereitwillig. Kunden stärker an sich zu binden, dazu dienen Programme wie „Miles & More", über die Quantitäts-Boni als Naturalrabatt ausgelobt werden nach dem guten alten System der Rabattmarken. Auch die Kundenkarten von Supermarktketten schütten an treue Kunden Rabatte aus, ob in Naturalien oder als Bar-Nachlass. Rabatte zielen darauf, Erwartungen zu erfüllen. Aufmerksamkeit ist damit keine mehr zu erzeugen, wenn im Durchschnitt auf jeden Verbraucher bereits drei oder mehr Karten entfallen. Hier stellt sich vielmehr die Frage, ob sich diese angekündigten Goodys überhaupt noch rechnen: Der Aufwand für die beteiligten Unternehmen ist hoch, die Verbraucher dagegen sehen sich mehr und mehr mit CRM-Aktivitäten konfrontiert und nehmen die Rabatte im Grunde einfach hin. Das ist der Grund, warum Handelsberater empfehlen, Überraschendes zu tun, um aus zufriedenen Kunden etappenweise „Vertreter Ihres Unternehmens" zu machen. Im Sinne des Kunden-Lebenszyklus, angelehnt an Prof. Dr. Siegfried Vögele und andere, stellt sich das folgendermaßen dar:

Gesamtmarkt / Zielgruppe / Bekanntheit / Interessent / Käufer / Wiederkäufer / Stammkunde / „Partner" / „Vertreter"

Aus Kundensicht heißt das beispielsweise: Ich bin Verbraucher innerhalb des Gesamtmarktes „deutschsprachig", gehöre zur Zielgruppe Alter/Geschlecht/Bildungsgrad/Einkommensschicht, entdecke durch werbliche Maßnahmen den Anbieter eines Produkts X, interessiere mich dafür aufgrund eines entstehenden Bedarfs – eventuell zeitgleich mit ähnlichen Produkten, entscheide mich wegen eines Grundes für X, bin absolut zufrieden, kaufe X erneut nach Bedarf, bin sogar mehr als zufrieden und binde mich an den Anbieter – etwa via Service-Vertrag, bleibe langjährig dabei und empfehle Produkt X sowie den Anbieter freudig an Dritte weiter. Auf dieser Basis werden übrigens auch Werte wie der „Customer Lifetime Value" kalkuliert, etwa von Kfz-Herstellern: Ein Kundentyp kauft soundso viele Autos im Laufe seines Lebens, benötigt Service usw., also ist er Umsatz A wert, Deckungsbeitrag B und verträgt Marketingausgaben von C. Hieraus errechnen schlaue Controller, dass es erheblich weniger Geld kostet, einen bereits gewonnenen Kunden zu halten, statt einen neuen gewinnen zu müssen. Im Allgemeinen ist es weitaus günstiger, einen abgesprungenen Kunden zurückzugewinnen, als bei einem anderen völlig neu anzusetzen. Wenn Sie sich die obige Kette nochmals ansehen, wird das deutlich: Einen oder zwei Schritte erneut zu tun, erscheint erheblich leichter, als fünf oder sechs ganz neu zu unternehmen.

Aus zufriedenen Kunden werden „Vertreter Ihres Unternehmens"

Setzen Sie Zeichen

Was lässt sich tun, um den Kunden positiv zu überraschen? Abhängig von Branche, Produkt/Dienstleistung und Zielgruppe haben Sie mehrere Möglichkeiten:

- Verzichten Sie auf einen Zuschlag für beschleunigte Lieferung, der eigentlich fällig wäre – und informieren Sie den Kunden darüber.
- Lassen Sie Ihren Kunden wählen, welches unverhoffte Goody er möchte. Vielleicht möchte Herr XY statt der Flasche Sekt mit Ihrem Etikett (oder auch mit seinem Namen auf dem Etikett) zur Lieferung lieber den Blumenstrauß, der für Damen vorgesehen ist (und umgekehrt).

- Geben Sie einen Gutschein für die nächste Bestellung dazu, ohne dies vorher anzukündigen – der Kaufgrund war also ein anderer als dieser Gutschein!
- Offerieren Sie mit dem Zwischenbescheid über den Stand des Kunden(-Bonus-)Kontos noch ein Extra.

Hier geht es primär darum, Zeichen zu setzen, statt den Kunden durch exorbitante Zusatzgaben zu „bestechen". Schließlich ist auch ihm klar, dass es um Geben und Nehmen geht.

Erwartungen übererfüllen: Kontra!

Nicht alle Extras kommen gut an

Manches Mal hat das Extra für den Kunden den gegenteiligen Effekt des eigentlich Erwünschten, wenn dieser zum Beispiel wenig damit anfangen kann. Einige Beispiele mögen das illustrieren:

- Das Pikkolo-Fläschchen Sekt im Hotelzimmer – wenig durchschlagend bei Gästen, die keinen Alkohol mögen – oder bei solchen, die nur besondere Tröpfchen genießen, weil sie Kenner sind.
- Das x-te Päckchen Gummibärchen im angelieferten Päckchen, die jedes Mal drin liegen: Gerade der Stammkunde kennt das nun wirklich.
- Der Service-Anruf nach jedem Besuch der Marken-Autowerkstatt – besonders massiv zu erleben, wenn in einem Haushalt mehrere Fahrzeuge genutzt werden (durchaus unterschiedlicher Marken).
- Das in zu kurzen Zeitabständen angebotene kostenlose Zwangs-Update einer Software, das sich auf sowieso nicht genutzte Teile bezieht, macht mehr Aufwand, als erkennbaren Nutzen zu schaffen.
- Was fällt Ihnen ein, wenn Sie ein wenig nachsinnen?

_____

_____

Seien Sie kritisch, denn Extras kosten Geld

Das alles kostet Geld, ohne den gewünschten Effekt zu erzielen – und muss letztlich in die Leistung einkalkuliert werden. Die selten genutzte Redaktionssprechstunde als Zusatznutzen für ein Loseblattwerk ist dann ein nettes Goody für die Abonnenten, wenn sie einmal wöchentlich für drei Stunden angeboten wird. Unkalkulierbar wird sie, sobald daraus eine Hotline mit einem „Rund-um-die-Uhr-Service" von zum Beispiel 40 Stunden wöchentlich entsteht. Sie muss besetzt sein, egal wie viele Anrufe zu bedienen sind. Natürlich ist denkbar, diverse Hotlines unterschiedlicher Angebote und Anbieter zusammenzuschalten, wie das häufig via Call-Center geschieht. Soll die Hotline aber werthaltig bleiben, muss trotzdem fachlich passend geschultes Personal zur Verfügung gestellt werden, das entsprechend teuer ist.

Prüfen Sie kritisch, wie Ihre Extras beim Kunden ankommen. Abfragezahlen bei Telefon-Services sind leicht zu ermitteln. Wie andere Extras bewertet werden, sollten Sie aktiv erfragen (lassen):

- Über Ihren Außendienst beim Kundenkontakt
- Via Stichproben-Telefonaten bei Bestellern
- Durch Nachfragen bei telefonischen Bestellern: „In Ihrer letzten Lieferung sollte ein kleines Extra gewesen sein – wie hat Ihnen das gefallen?" Aussagen darüber, ob dieses Extra überhaupt wahrgenommen wurde und ob es gefallen hat, verbinden Sie mit der Frage, was sonst gefallen würde.

Sie erfahren bei dieser Gelegenheit womöglich weiteres Wissenswertes, etwa wenn bei Ihren Kunden der Eindruck entsteht, da müsse eine Riesenmarge eingerechnet sein, bei derartigen Extras …

TIPP: Fragen Sie Ihre Kunden, wie zufrieden sie sind

Zeigen Sie guten Kunden Ihre Wertschätzung, indem Sie sie punktuell zur Qualität Ihrer Produkte und Leistungen befragen. Je nach Situation geschieht das durch Beilegen eines Fragebogens zur Lieferung oder einer Begleit-Mail zur Ankündigung der Lieferung, durch ein Nachfass-Telefonat („War alles in Ordnung?") oder die persönliche Befragung bei Zustellung. Fragen Sie nach, ob dieser Kunde bereits einmal Grund zur Reklamation gehabt hätte, ob er reklamiert habe oder nicht und warum. Die Erfahrung lehrt, dass etwa jeder dritte Kunde schon Grund zur Reklamation hatte, obwohl die langfristige Quote im Mittel maximal drei Prozent beträgt. Ihre Reklamations-Statistik wird realistischer, wenn Sie aus solchen Befragungen neue, wertvolle Erkenntnisse gewinnen. Wenn Sie interessiert sind, fordern Sie einen Beispiel-Musterbogen beim Autor an (per E-Mail: reiterbdw@aol.com).

Telefonseelsorge als Fundus Seit Jahrzehnten gibt es die Notfallnummer für Menschen in verzweifelten Situationen, die anonym Rat suchen. Die ehrenamtlichen Mitarbeiter, die diesen Telefon-Notruf rund um die Uhr sichern, hören zu und haben schon unzählige Leben gerettet, weil sie suizidgefährdete Menschen beruhigt haben. Diese Anrufe könnten im weitesten Sinne als eine extreme Form der Reklamation angesehen werden. Wer es schafft, auf Menschen in solchen Grenzsituationen einzugehen, bringt optimale Voraussetzungen mit, Beschwerde-Hotlines zu bedienen. Im Sinne der erwähnten Corporate Social Responsibility könnten Unternehmen die Telefonseelsorge unterstützen, indem sie Telefon-Agents stundenweise dafür freistellen … Wer viele Mitarbeiter mit starkem Einfühlungsvermögen sucht, muss gelegentlich einen weniger empathischen Kollegen einstellen. Diese Mitarbeiter sollten abwechselnd andere als nur Beschwerde-Telefonate führen können, um so eine Frustrationsspirale zu vermeiden.

Fazit: „Drum prüfe, wer sich ewig bindet" – dieses Sprichwort wenden Ihre Kunden Ihnen gegenüber regelmäßig an, ohne sich dessen bewusst zu sein. Jeder Reklamationsgrund stellt eine kleine oder größere Krise in Ihrer gemeinsamen Beziehung dar, die zweierlei beinhaltet: das Risiko, den Kunden zu verlieren, und die Chance, ihn fester an sich zu binden. Wie Sie aus einem Beschwerdeführer via Telefon einen noch besseren Kunden machen, davon handelt das folgende Tool 10. Wie viel mehr Sie aus Reklamationsanrufen gewinnen können, dazu mehr in Tool 11 und Tool 12.

Tool 10: DIALOG-Struktur: Konflikte lösen am Telefon

Lassen Sie einmal eine vergangene Konfliktsituation Revue passieren: Worauf haben Sie positiv reagiert – oder womit haben Sie Ihren aufgebrachten Gesprächspartner beruhigen können? In aller Regel sind es Signale der Empathie und Wertschätzung, die Konflikte entschärfen. Einige Deeskalations-Strategien leiten sich aus ihnen ab. Was manches Mal auch als „Worte persönlicher Anerkennung" daherkommt, klingt beispielsweise so:

Leitgedanke	Schlüssel-Formulierungen	Alternative
Danken	„Danke, dass Sie das (so offen) sagen!" „Danke für ..."	Bitten (Übergang schaffen)
Interessiert zeigen	„Aah, das ist ja interessant!" „Verstehe ich Sie richtig: ..."	Pause (= zuhören!)
Antworten geben	„Gerade deshalb ..." „Nehmen wir einmal an ..."	Aufzählen (Gründe: 1., 2., 3.)
Loben und bestätigen	„Da haben Sie einen wichtigen Punkt ..." „Klasse, dass Sie das ansprechen!"	„Schön, dass Sie ..." „Aah, gut, dass Sie ..."
Oeffnend fragen	„Wie genau ...?" „Worauf zielt ...?"	„Was ...?" „Wann ...? Wo ...?"
Gegenüber spiegeln	Wiederholen (gleiche oder ähnliche Worte), zusammenfassen	„Sie meinen also ..." „Verstehe ich Sie richtig: Sie ...?"
Danach	...	

Welche Worte würden Sie persönlich wählen? Und auch gerne hören, wenn Sie selbst in der Rolle des Reklamierenden wären?

Hier ein Blanko-Formular für Ihre eigenen Texte (als Download auf der Verlagswebsite www.gabal-verlag.de unter „Effektiv telefonieren"):

Leitgedanke	Schlüssel-Formulierungen	Alternative
Danken		
Interessiert zeigen		
Antworten geben		
Loben und bestätigen		
Oeffnend fragen		
Gegenüber spiegeln		
Danach	...	

Vermeiden Sie Vorwürfe

Trennen Sie immer Sache und Person

Solche und ähnliche Botschaften haben Sie gewiss sowohl schon gehört als auch empfangen: „Na, da hätten Sie halt ABC machen sollen!" oder „Nun ja, wenn man unachtsam mit XYZ umgeht, ist das ja zu erwarten!" oder „Da haben Sie bestimmt vergessen …!" Hier wird gegen mindestens drei sinnvolle Regeln verstoßen:

- Trennen Sie grundsätzlich Sache und Person
- Geben Sie ein konstruktives Feedback
- Vermeiden Sie vorschnelle Urteile – hinterfragen Sie!

Bei Konfliktgesprächen mit Kunden gelten die gleichen Regeln wie in der Feedback-Kommunikation generell, etwa in Mitarbeitergesprächen. Talentierte und kompetente (gut geschulte?) Service-Mitarbeiter am Telefon differenzieren bereits gedanklich Sache und Person – und können dann schon mal leichten Herzens „die Schuld" für einen Fehler auf sich nehmen, egal ob „die Schuld" den Kunden trifft oder das Unternehmen. In so einem Fall hören Sie eher Formulierungen wie diese:

„Oh, was haben wir denn da falsch gemacht?"
„Ah, haben wir vergessen, Sie darauf aufmerksam zu machen, dass …?"
„Hmm, könnte sein, dass in der Gebrauchsanleitung etwas unklar formuliert ist …"

Wohl gemerkt ist es wichtig, „Ich" oder „Wir" zu formulieren, statt einen gar zu anonymen „Man" zu bemühen. Wer die Schuld personalisiert auf sich nimmt, zeigt Empathie – und erhält solche wieder zurück: „Sie sind nicht persönlich gemeint!" oder „Entschuldigung, wenn das jetzt so geklungen hat, als wollte ich Sie …" ist häufig die Resonanz des ursprünglich wütenden Anrufers. Die Kunst besteht darin, (negative) Emotionen zu beschwichtigen – oder sogar in positiv-konstruktive zu verwandeln.

Reagieren Sie auf Emotionen: Sympathie erleichtert

Emotional – ja oder nein?

Sprechen Sie positiv (auf) Emotionen an, nehmen Sie sie auf. Ich erlaube mir, eine Story von Bodo Hombach zu zitieren, dem Geschäftsführer der WAZ-Mediengruppe, die er bei einer Podiumsdiskussion anlässlich der Medientage in München 2007 zum Besten gegeben hat. Er berichtete über das WAZ-Call-Center: Die Damen hatten immer hoch professionell nachgefragt, wenn ein Abonnent anrief, um mitzuteilen, dass er an diesem Tag seine Zeitung nicht erhalten habe: Brief- oder Zeitungskasten am Haus vorhanden? Beleuchtung O.K.? Adresse korrekt? Usw. Das hatte immer zu langen Gesprächen geführt und zu ungeduldigen Kunden, die sich nämlich nicht verstanden fühlten! Eine einfache Umstellung in der Kommunikation hat erreicht, dass die nicht bedienten Abonnenten nun am Ende ihres Reklamationsanrufs durchaus fröhlich „tschüss" wünschen: Die erste Reaktion der Call-Center-Damen ist jetzt nämlich eine hoch emotionale: „Oje, Ihre Zeitung fehlt!" Alles Weitere wird erst danach geklärt! Eine bezeichnende Geschichte, wie mir scheint. Ob Empathie, Rapport (NLP) oder Leistung von Spiegelneuronen im Gehirn genannt: Sympathie erfreut und erleichtert!

Beziehung herstellen – lassen Sie's „mencheln"

Am stärksten wirkt dabei in aller Regel der Name: Sprechen Sie die andere Person mehrfach mit ihrem Namen an, abhängig von der Länge des Gesprächs. Wiederholen Sie ihn gleich zu Anfang und fragen Sie nach, wenn Sie ihn schlecht verstanden haben:

Per Wortwahl zur guten Beziehung

- „Sagen Sie mir bitte – Sie sind Frau …?!" – Ihr Gesprächspartner wird in die entstehende Pause hinein den Namen nennen.
- „Buchstabieren Sie mir bitte Ihren Namen? … Dankeschön, Herr XYZ!"
- „Entschuldigen Sie, ich habe Ihren Namen nicht verstanden. Sie heißen …?"

Erfragen Sie zusätzlich den Vornamen, der unaufgefordert selten genannt wird. Auf diese Weise signalisieren Sie den Übergang auf eine persönlichere Ebene, was gerade bei Fern-Gesprächen wichtig ist. Verabschieden Sie sich, indem Sie den Namen nochmals nennen und dann am besten den Ihren wiederholen: „Wenn Sie Fragen haben, ich bin Vorname, Nachname – und gerne weiter für Sie da!" Gerade bei Reklamationen wirkt ein solches Vorgehen entspannend, ein gutes Gefühl bleibt zurück.

Sprechen Sie mit Namen an Auch im Dialog zwischen Gesprächsbeginn und Abschied sollten Sie Ihren Gesprächspartner direkt ansprechen, zum Beispiel: „Habe ich Sie richtig verstanden, Herr XYZ, Sie meinen …?" Wie häufig Sie das tun, hängt von der Gesprächslänge ab. Vermeiden Sie es aber, den Namen durch zu häufiges Nennen abzuwerten. Wenn Ihr Telefonat drei Minuten dauert, kann der Name insgesamt dreimal fallen, bei fünf Minuten viermal, bei zehn Minuten durchaus sechs oder sieben Mal.

Die psychologische Wirkung des namentlichen Ansprechens können Sie ferner nutzen, um Ihren Gesprächspartner zu bremsen, also sanft zu unterbrechen, oder aber zu beschleunigen im Sinne von zum Reden ermutigen. Etwa in den folgenden Situationen:

▨ Ihr Reklamierer redet und redet, Sie kommen nicht zu Wort. Sie möchten ihn ungern unterbrechen. Meist klappt es gut, dass Sie einfach einhaken, indem Sie ihn ansprechen und einige seiner Worte wiederholen, zum Beispiel: „Herr XYZ – dreimal haben Sie schon angerufen. Da verstehe ich natürlich …" und schon haben Sie die Gesprächsführung (wieder) übernommen.

▨ Sie müssen Ihrem Gesprächspartner die Worte „aus der Nase ziehen", weil er der eher unsichere Reklamierer ist, so wie es häufig ältere Personen sind. Leiten Sie Ihre Aufforderung ein, indem Sie die Person direkt ansprechen: „Frau ABC, wie kann ich Ihnen nun konkret weiterhelfen?" Wer direkt angesprochen wird, reagiert in aller Regel darauf.

Überzeugen Sie sich selbst vom Nutzen dieses Vorgehens, indem Sie bei nächster Gelegenheit bewusst öfter den Namen Ihres Gesprächspartners ins Telefonat einflechten.

TIPP: Namen wirken – machen Sie den Praxistest
Testen Sie diesen Effekt der wohlwollenden Aufmerksamkeit, indem Sie zum Beispiel in einer Fußgängerzone am Samstagvormittag einen gängigen Namen rufen – einen Vornamen („Sabine!!") oder Nachnamen („Herr Schmiiidt …"). Was werden Sie erleben? Eine große Anzahl suchender Augen und sich drehender Köpfe! Vielleicht haben Sie sich selbst schon einmal überrascht zu einem Rufer umgedreht, der „Ihren" Namen gerufen hatte, jedoch jemand anderen gemeint hatte.

Auch indem Sie Ihre Begeisterung / Emphase verdeutlichen, bauen Sie eine Beziehung zu Ihrem Gesprächspartner auf. Hilfsgriffe sind …

- verdoppeln / wiederholen: „Das ist wirklich sehr, sehr wichtig für Menschen in Ihrer Situation, Herr/Frau …!" oder „Das kann ich Ihnen wirklich nur empfehlen, Herr / Frau … – kann ich Ihnen guten Gewissens empfehlen!"
- eigene Betroffenheit ausdrücken: „Meine Güte, wie müssen Sie sich da gefühlt haben!" – „Um Himmels willen, wenn ich mir vorstelle, das wäre mir passiert …"
- ein Erlebnis aus dritter Hand berichten: „Da hat mir doch … erzählt, …"

Entscheidend ist, dass die Stimme im Einklang mit dem Inhalt steht. Das bedeutet konkret:

- Achten Sie auf Bewegung im Sprechen und klare Intonation (auf und ab).
- Betonen Sie als Hervorhebung.
- Setzen Sie Pausen eher stockend und zögernd formuliert ein: Das kommt spontan „aus dem Herzen", ist nicht angelernt und damit authentisch.

Ihr Gesprächspartner merkt sehr wohl über Ihre Stimme, ob Ihre Emotionen echt sind – und aufrichtig gemeint.

Einspruch: Emotionen raus!

Tatsächlich gibt es auch gegenteilige Erfahrungen und Appelle, gerade bei Reklamationen betont sachlich zu bleiben und bloß nicht die (negativen!) Emotionen des Anrufers durch eigene und durch Wiederholen zu verstärken! Solche Empathie lasse das Gespräch entgleiten, es dauere dann zu lange, koste zu viel Nerven usw. Die Praxis zeigt: Es funktioniert beides! Auch eher kühle Personen können erfolgreich mit Reklamationen umgehen. Insbesondere hilft Ihnen ihre emotionale Distanz, ruhig zu sprechen und gelassen zu wirken – was sich durch den Äther zum Reklamierenden schlängelt und diesen beruhigen kann. Bodo Hombachs Abonnenten-Story lässt sich vor diesem Hintergrund auch anders interpretieren. Nämlich so, dass die beteiligten Call-Center-Damen eher emotionalextravertierte Kolleginnen sind, die mit der Vorgabe „kühl und sachlich reagieren" schwer umgehen konnten – und bei den Anrufern deshalb weniger authentisch ankamen. Tatsächlich helfen sachliche Fragen und Aufforderungen durchaus weiter:

- „Sagen Sie mir bitte zunächst Ihre Kunden-Nummer!"
- „Um welche Zeitung geht es denn?"
- „Ihre Postleitzahl bitte!"
- „Geht es um … oder um …?"

Solche Formulierungen kühlen erregte Anrufer ab, wobei ein nachgeschobenes „Danke, dass Sie uns gleich anrufen!" wenigstens ein wenig Wertschätzung ausdrückt. Positiv verstärkend wirkt es, wenn Ihre Reklamationsabteilung zumindest eine Begründung nachschiebt, zum Beispiel:

- „Sagen Sie mir bitte zunächst Ihre Kunden-Nummer – damit ich Sie schneller im Computer finde …"
- „Um welche Zeitung geht es denn? Dann kann ich Ihnen rascher Auskunft geben …"
- „Ihre Postleitzahl bitte! Dann finde ich Ihren Zustellbezirk sofort …"
- „Geht es um … oder um …? Damit ich Ihnen auch die richtige Auskunft gebe …"

Fakt ist außerdem, dass gerade in Reklamations-Telefonaten eine eher weiche und indirekte Kommunikation zu einem konstruktiven Gespräch beiträgt.

Setzen Sie Weichmacher gezielt ein

Weiche Formulierungen helfen

Aller Erfahrung nach kommunizieren Männer eher direkt-offensiv, was dazu beiträgt, dass Frauen gerade bei Telefonaten besser ankommen. Ihnen wird eine eher indirekt-defensive Kommunikation zugeschrieben, und so ist auch die Erwartung – übrigens von Männern wie Frauen gleichermaßen. Welche Wortwahl kennzeichnet zurückhaltend-defensive Telefonate?

1. Konjunktiv: Würde – könnte – wäre …
2. Füllwörter: Eigentlich, eher, …

3. Passivische Aussagen: „… werden meist …"
4. Übergänge: Sie weisen auf das hin, was jetzt kommt, zum Beispiel „Erlauben Sie die Frage: …"

Beachten Sie, dass es Kundentypen gibt, die möglichst rasch eine klare Aussage hören möchten. Um hier zu unterscheiden, sind Lebenserfahrung und soziale Kompetenz der agierenden Personen gefragt. Während jüngere Menschen am Telefon weniger stressanfällig zu sein scheinen, gleichen Ältere das durch ein offeneres Ohr aus – sie reagieren feinfühliger und sind in der Lage, sensibler, situativ und individuell auf den Anrufer einzugehen. Fernab von Typologien-Bildung mögen Sie diese Vorschläge inspirieren: **Behandeln Sie Anrufer individuell**

- Der Anrufer ist kurz angebunden – er erwartet vor allem schnelle Antwort.
- Die Stimme klingt sehr hoch, aufgeregt – stellen Sie eher eine Frage mehr.
- Schnellsprecher erwarten schnelles Sprechen – und müssen Schritt für Schritt an langsames Sprechen gewöhnt werden und umgekehrt.
- Auf lautes Sprechen eher leiser reagieren – allerdings aufpassen, ob eventuell Schwerhörigkeit vorliegt.

Nutzen Sie möglichst Techniken aus dem Bereich der NLP (siehe S. 13), um auf den Gesprächspartner einzugehen und ihn schließlich mitzunehmen.

TIPP: Stellen Sie in schwierigen Fällen zum „Chef" durch

Eine besondere Form der Wertschätzung ist es, wenn Ihr Gesprächspartner mit einer Führungskraft sprechen darf, also mit dem „Chef". Auf diese Weise ist eine reklamierende Person sicherer, das Maximum aus dem Kontakt herausgeholt zu haben. Nun ist „der Chef" aber nicht immer erreichbar. So manche Service-Crew macht dann ganz einfach einen „Indianer" zum „Häuptling" und vermittelt einen schwer zu beruhigenden Beschwerdeführer schlicht zu einem Kollegen, mit dem das vorher vereinbart wird: „Vorschlag, Herr …: Ich verbinde Sie mit Frau XYZ. Sie kann das entscheiden!" Sie erkennen bei dieser Formulierung: 1. Es wird nichts Falsches behauptet. 2. Voraussetzung ist, dass entsprechende Rahmenbedingungen für die Crew-Mitglieder verabredet sind und sie entscheiden dürfen. Einfacher ist dieser Weg: „O.K., Herr …, lassen Sie mich eben kurz Rücksprache halten. Bleiben Sie bitte in der Leitung!" Nach 15 bis 20 Sekunden nehmen Sie das Gespräch wieder auf: „Gut, ich habe mich vergewissert – und ausnahmsweise …"

Dies alles muss realistisch wirken. Es geht schlicht darum, mit etwas psychologischem Einfühlungsvermögen einen Konflikt zu entschärfen. Sie können und dürfen den Kontakt zum Chef durchaus von sich aus anbieten, wobei Sie vermeiden sollten, Ihre eigene Position zu schwächen. Aussagen wie „Ich bin nur für … zuständig, da müssen Sie schon mit meinem Chef sprechen!" mindern zum einen die Wertschätzung für Ihren Gesprächspartner („Warum muss ich dann erst den anrufen, der eh nichts zu sagen hat?") sowie Ihre eigene: Wer sich klein macht, fühlt sich klein.

Sie sind verantwortlich!

Wer angerufen wird, muss klären

Im Namen der Kundenzufriedenheit gilt: Unabhängig von den Rahmenbedingungen ist die angerufene Person für die Klärung der Reklamation zuständig und verantwortlich, egal ob mehr oder weniger entscheidungsfähig. Vermeiden Sie daher Aussagen dieser Art:

„Oh, da kann ich nichts zu sagen – dafür bin ich nicht zuständig! Tja, wer kann sich da bloß drum kümmern …"
„Oje, dafür ist XYZ zuständig – den erreiche ich jetzt nicht. Rufen Sie doch später wieder an!"
„Ich bin nur der Azubi, da sind Sie bei mir völlig falsch!"

Kompetent, initiativ und lösungsorientiert wirken Sie mit diesen oder ähnlichen Formulierungen:

„Aha, es geht Ihnen um ABC – da verbinde ich Sie sofort weiter zu Herrn XYZ, er ist zuständig und wird Ihnen weiterhelfen."
„Danke für Ihren Hinweis – ich nehme das auf. Und kläre das intern mit Herrn XYZ, der für Sie zuständig ist. Dann melde ich mich wieder bei Ihnen, einverstanden?"
„Natürlich helfe ich Ihnen, auch wenn ich dafür noch jemand einbeziehen muss! Es geht Ihnen also um …".

Wie gefallen Ihnen diese Antworten anstelle der oben genannten Beispiele?

Fragen Sie Ihren Kunden, was er möchte

Wer reklamiert, möchte beides: Emotional aufgenommen werden („freundlich") und sachlich gut bedient sein („kompetent"). Natürlich alles ohne Umwege am besten sofort beim ersten Kontakt, den er als Anrufer erlebt („schnell"). Das kennen Sie, darüber haben Sie in diesem Kapitel bereits einiges gelesen. Überraschen könnte Sie aber vielleicht, dass Reklamierer meist mit weniger zufrieden sind, als das auslösende Unternehmen erwartet. Das „schlechte Gewissen" oder die Furcht vor Negativpropaganda erzeugen die Erwartung, der Reklamierer stelle hohe Forderungen. Diese These wird empirisch regelmäßig neu belegt – und Sie selbst können diese Aussage rasch testen. Vor einigen Jahren traf ich im Service-Center eines Medienunternehmens auf eine solche Situation: Das Service-Center hatte ich gerade neu aus versierten Mitarbeitern diverser Abteilungen formiert. Bei rund drei Prozent Reklamationen (ein Wert, den wir nach und nach deutlich verbessern konnten) gab es immerhin einige Dutzend Beschwerdetelefonate pro Woche. Das bisherige Standard-Telefonat enthielt diese Aussage: „Das tut mir wirklich leid, dass das passiert ist! Sind Sie einverstanden, wenn wir Ihnen 50 Prozent gutschreiben?" Wer wäre das nicht! Im Reklamations-Workshop mit dem Team ließ ich dann unter anderem diese Formulierung erarbeiten:

Lassen Sie Ihre Kunden wählen …

„Das bedauere ich wirklich, Herr XYZ! Den Ärger können wir natürlich gar nicht ausgleichen – ich möchte Ihnen auf jeden Fall entgegenkommen. Was haben Sie sich denn als Gutschrift vorgestellt?"

Entgegen der Erwartungen der Mitarbeiter war das (stabile) Ergebnis, dass die überwiegende Zahl der Reklamierer nur 10 oder gar 5 Prozent Nachlass erwarteten – einige wenige lagen bei 15, 20 oder 25 Prozent. Natürlich gab es gelegentlich Ausreißer, die 50 Prozent und mehr verlangten. Aber auch diese gaben sich damit zufrieden, dass sie letztlich 20 Prozent erhielten wie alle anderen auch. Eine relative Gleichbehandlung ist mit entscheidend, besonders wenn Ihre Kunden gut untereinander vernetzt sind und sich auch über Reklamationen unterhalten.

… es wird sich für Sie rechnen

Behandeln Sie Ihre Kunden fair und gleich! (Ausnahmen gibt es, etwa wenn Ware oder Leistung beeinträchtigt sind, sodass Sie Nachlässe danach staffeln!)

Positive Überraschungen stärken die Kundenbindung

Wenn Sie jemand, der nur 5 oder 10 Prozent Nachlass erwartet, sagen können: „Wissen Sie was, ich gebe Ihnen 20 Prozent, das nehme ich auf meine Kappe!", dann haben Sie etwas Überraschendes getan, womit Sie die Kundenbindung enorm verstärken. Wenn Sie einem anderen sagen (müssen und wollen): „Hmm, da muss ich Ihnen offen sagen, dann ist es insgesamt weniger aufwändig, wenn Sie mir die Lieferung zurückschicken und ich beliefere Sie neu – dabei schreiben wir Ihnen natürlich die Versandkosten für die beschädigte Lieferung zusätzlich gut und liefern versandkostenfrei. Oder wären Sie mit 20 Prozent einverstanden, dann könnten Sie die Ware gleich behalten?", wird auch dieser Kunde in aller Regel mehr als zufrieden sein.

Wie gehen Sie bisher mit Reklamationen sachlich-inhaltlich am Telefon um, und was könnten Sie künftig ändern? Machen Sie sich gleich hier Gedanken, diskutieren Sie diese und lassen Sie umgehend testen, wie das veränderte Vorgehen in der Praxis ankommt.

Reklamationsbetreuung per Telefon: Rahmenbedingungen

Reklamation	Bisher	Künftig	Ihre Formulierung
Nachlass	„Einverstanden mit … Prozent?"	„Was haben Sie sich vorgestellt?"	
Umtausch	„Schicken Sie die Sendung unfrei an uns zurück!"	„Sollen wir umtauschen oder behalten Sie die Sendung mit einem Nachlass von … Prozent?"	
Lieferung verspätet	„Ziehen Sie sich … Prozent ab!"	„Ich buche eine Gutschrift für Ihre nächste Bestellung."	
Generell alle	„Dann schlage ich vor, …"	„Einverstanden, wenn wir das so machen: …"	
…			
…			

Definieren Sie die mögliche Bandbreite des Entgegenkommens (je nach Reklamationsgrund) genauso wie die grundsätzlichen Möglichkeiten: Nachlass, versandkostenfreie Lieferung, Gutschein, Natural-Zusatzlieferung usw.

TIPP: Lassen Sie Ihren Kunden die Wahl

Fragen Sie Ihre Juristen und klären Sie das Prozedere mit ihnen ab! Handelt es sich um eine juristisch relevante Reklamation, sind eventuell Vorgaben gemäß Ihren AGBs zu beachten – oder denen Ihres Kunden (Minderung oder Ersatzlieferung nach Mängelrüge oder Ähnliches). Wenn Sie möglichst viele Reklamationen im ersten Schritt erledigen möchten, was absolut im Sinne Ihrer Kunden sein dürfte, lassen Sie konkret fragen: „Ich habe zwei Möglichkeiten, das Thema mit Ihnen zu lösen, Herr ABC: Wir gehen den üblichen Verfahrensweg, das heißt, ich nehme das en detail auf, wir prüfen das, Sie erhalten möglichst rasch Nachricht – das kann aber einige Tage dauern. Der Grund dafür ist die juristische Absicherung. Oder wir lösen das informell in dem Rahmen, in dem ich Ihnen ohne weitere Prüfung entgegenkommen darf. Dann ist das sofort für Sie erledigt – wäre das in Ihrem Sinne?" Das weitere Gespräch wird wie oben analysiert und vorgeschlagen geführt. Die getroffene Vereinbarung wird schriftlich festgehalten und dem Kunden bestätigt.

Begründen Sie Ihre Aussagen

Welche Lösungen Sie auch immer bieten können und möchten, Unangenehmes wird dabei durchaus akzeptiert. Nämlich dann, wenn Sie begründen, was möglich ist und was nicht. Dazu haben Sie bereits einige Beispiele gelesen. Für erfolgreiche Telefon-Dialoge können die folgenden Formulierungen ergänzend hilfreich sein.

Begründen Sie und schaffen Sie Verständnis:

Aussage	Begründung	Ihre Formulierung
„50 Prozent Nachlass sind tatsächlich nicht möglich."	„… weil dann der aufwändige Umtausch sich wieder rechnet. Das bedeutet für Sie: Sollen wir vielleicht doch lieber den anderen Weg …?"	
„Gerne würde ich das so machen, wie Sie das wünschen – kann aber nicht …"	„… denn damit überschreite ich die erlaubten Vorgaben. Was ich machen könnte: … Käme Ihnen das entgegen?"	

Aussage	Begründung	Ihre Formulierung
„Natürlich würden wir Ihnen möglichst voll entgegenkommen …"	„… das hieße dann allerdings, Sie verzichten auf … – wollen Sie das?"	
„Verstehen Sie bitte, dass das in diesem Fall ein Nachlass jenseits des Möglichen wäre …"	„… denn gerade für diese Situation haben wir den Service-Vertrag vorgesehen. Allerdings kann ich den nachträglich …"	

Beachten Sie dabei den gezielten Einsatz des Weichmachers Konjunktiv jeweils dann, wenn Sie eine Lösung infrage stellen! Indikativ verwenden Sie dagegen, wenn Sie die Lösung zusammen mit Ihrem Kunden realisieren wollen. (Zum 3-B-System des Begründens siehe Tool 12)

Hören Sie zu!

Geben Sie dem Anrufer Zeit, Dampf abzulassen

Das stärkste Zeichen der Wertschätzung lernen Sie zum Ende dieses Kapitels kennen, und das aus gutem Grund: Was zuletzt kommt, bleibt am besten in Erinnerung.

Bei diesem Thema ist „Mach mal Pause" als Volksmund gewordener Werbeslogan des 20. Jahrhunderts genauso zeitgemäß wie das alte Sprichwort „Reden ist Silber, Schweigen ist Gold". Verkäufern wird entsprechend empfohlen, in Verkaufsverhandlungen nicht mehr als 30 Prozent des Gesprächs zu bestreiten, während dem Gesprächspartner 70 Prozent und mehr des Dialogs zugestanden werden. Das gilt erst recht in Konfliktgesprächen, in denen „der andere" viel loswerden möchte. Wie aber halten Sie sich zurück, wenn Sie doch gleich Antworten parat haben und häufig schon frühzeitig im Telefonat wissen, was schiefgelaufen ist? Fast wichtiger als die sachliche Klärung der Situation ist die Gelegenheit für den Anrufer, seinen Emotionen freien Lauf lassen zu dürfen, Dampf abzulassen. Entwickeln Sie eine Taktik für sich, zunächst zu schweigen:

▪ Notieren Sie während des Zuhörens, was Ihnen einfällt.
▪ Notieren Sie vor allem, was Sie hören, wenn es wichtig für das weitere Vorgehen ist.

▨ Überprüfen Sie interessante Daten im Computer, wenn Ihnen das so möglich ist, dass Sie immer noch aufmerksam zuhören können.
▨ Entscheiden Sie, wie stark Sie Zuhörsignale geben: Damit motivieren Sie die andere Person, weiterzusprechen.

Wenn der Redefluss des Anrufers kein Ende nehmen will, können Sie die Hinweise von Seite 154 einsetzen, um ihn zu bremsen. Sprechen Sie ihn zum Beispiel mitten in seiner Formulierung mit seinem Namen an – er wird stoppen. Oder hören Sie schweigend zu, ohne Zuhörsignale zu geben. Sobald Ihr Gesprächspartner das realisiert, fragt er etwa „Sind Sie noch da?" – worauf Sie ins Gespräch einsteigen und die Führung übernehmen können. Für Ihre Geduld werden Sie aber in jedem Fall belohnt:

▨ Sie erfahren mehr über die Situation.
▨ Sie revidieren eventuell Ihr erstes Urteil und Ihre Erwartung, worum es geht.
▨ Sie können in Ruhe Ihre Antwort, Ihr Angebot überlegen.
▨ Wenn die Emotionen des Anrufers abgeflaut sind, finden Sie erheblich leichteren Zugang zu ihm.
▨ Sie erhalten positives Feedback.
▨ Ihr Gesprächspartner hat vielleicht sogar ein schlechtes Gewissen, wenn er merkt, sehr emotional gegenüber Ihnen gewesen zu sein – da Sie letztlich persönlich gar nicht „der Schuldige" sind, ist das zu Ihrem Vorteil!
▨ Wenn zuerst Sie zuhören, hört der andere nachher Ihnen zu: Sie können das Anliegen pointieren, zusammenfassen und weiterführen.
▨ Sie schaffen eine positive Stimmung, die der Anrufer aus dem Gespräch mitnimmt.

Ihre Geduld wird belohnt

Grenze überschritten?

Was tun, wenn Ihr Reklamierer Ihnen doch einmal zu nahe tritt und Sie in seinem Zorn persönlich angreift? Was empfehlen Sie Ihren Mitarbeitern, denen dies bereits passiert ist? Sicher gibt es Situationen, in denen ein Kunde in die Schranken verwiesen werden muss. Aber auch hier gilt: Der Ton macht die Musik. Greifen Sie zum Prin-

zip der Ich-Botschaft, statt den anderen anzugreifen („Du-Angriff")
und geben Sie Ihren Gefühlen Ausdruck: Was ist bei *mir* angekommen? Einige Beispiele mögen das Prinzip illustrieren und für Sie
bewusster anwendbar machen.

Ich-Botschaft statt Du-Angriff

Kunde aggressiv	Mitarbeiter „Du-Angriff"	Mitarbeiter „Ich-Botschaft"
„Das ist doch wirklich Sch …, was Sie da angestellt haben!"	„Also, so können Sie nicht mit mir umgehen – das ist ja ordinär!"	„Na ja, da fühle ich mich jetzt aber persönlich angegriffen!"
„Damit können Sie sich den A … wischen, und das meine ich wortwörtlich!"	„Jetzt werden Sie aber wirklich unverschämt, das ist ja wohl das Letzte!"	„Womit habe ich das verdient, dass ich mir das anhören muss?"
„Sie können mich mal!"	„… Sie mich auch!!"	„Ich weiß nicht, was ich sagen soll …"
„Ich mache Sie persönlich dafür verantwortlich, wenn Sie das nicht sofort in Ordnung bringen, Sie …!"	„Und wenn Sie mich noch so oft anschreien, ändert sich nichts an der Situation. Also lassen Sie das gefälligst, ich bin doch nicht Ihr Sonstwas!"	„Ich fühle mich auch persönlich angegriffen. Und das hindert mich jetzt daran, in aller Ruhe sachlich eine Lösung zu finden – das gefällt mir nicht!"
„Jetzt hören Sie mal mir zu: Sie sind dafür da, mich als Ihren Kunden zu bedienen. Also tun Sie gefälligst endlich, was ich Ihnen sage!"	„Sie meinen wohl, Sie können ausnutzen, dass Sie Kunde sind – alles hat seine Grenzen, auch für Sie!"	„Ja, ich fühle mich für meine Kunden verantwortlich. Deshalb höre ich mir an, was Sie zu sagen haben – bitte in aller Ruhe!"

…

Ich-Botschaften gegen persönliche Angriffe

Mit der Ich-Botschaft wird dem Kontrahenten signalisiert, was
bei der anderen Person angekommen ist und wie sie emotional
darauf reagiert – ein Perspektivenwechsel ist das Angebot. Viele
Reklamierer merken dann, dass sie zu weit gegangen sind. Zwar
in verständlicher Empörung oder Wut, die allerdings eben nicht
die Person am Telefon treffen sollte: Sie ist Stellvertreter für das
Unternehmen und nimmt die Schuld auf sich, persönliche Angriffe rechtfertigt das jedoch nicht. Meist ist es mithilfe dieses Vorgehens
möglich, eine ruhigere und sachliche Gesprächsatmosphäre herzustellen.

Dagegen kommt es zur Eskalation, wenn die Emotionen des Service-Mitarbeiters hochkochen: Gespräche dauern deutlich länger, eine Lösung ist schwer zu finden. Ich-Botschaften gehören dringend in Trainingsprogramme für Service-, Helpdesk- und Customer-Care-Mitarbeiter. (Auch hier liegt ein Blanko-Formular für Sie auf dem Server bereit.) Bewusst Ich-Botschaften einzusetzen, hält gelegentlich davon ab, in die „man"-Manie zu verfallen: „Man macht das so!" oder „Dann könnte man denken …" und dergleichen. Ebenso hüten Sie sich vor zu vielen „wir"-Formulierungen, wenn Sie persönlich für etwas (ein)stehen.

Fazit: Tatsächlich führen beim Betreuen von Reklamationsanrufen „viele Wege nach Rom" und zu einem zufriedenen Kunden. Je gewandter und flexibler die eingesetzten Personen kommunizieren, weil sie über entsprechende Lebenserfahrung und Kenntnisse in konstruktiver Gesprächsführung verfügen, desto angenehmer wird die Gesprächsatmosphäre trotz des eigentlich unerquicklichen Anrufgrunds sein. Dazu tragen klare Richtlinien bei und Rahmenbedingungen, die der Fachkraft am Telefon situativ anzuwendendes Reagieren ermöglichen – freundlich, schnell und kompetent. Wie beschrieben, erleichtert diese Facette sozialer Kompetenz den Dialog am Telefon, beschleunigt das Verfahren und trägt erheblich dazu bei, dass Reklamierer künftig noch bessere Kunden werden, als sie das vor der Reklamation waren. Es sei aber davor gewarnt, Beschwerden absichtlich hervorzurufen: Wer häufig reklamieren muss, kehrt diesem Unternehmen irgendwann den Rücken.

Finden Sie Ihren Weg

Tool 11: **Marktforschung in Telefonaten**

Perspektivenwechsel ist ein wichtiges Stichwort, wenn es um das freiwillige Erweitern des Telefonkontakts aufgrund einer Reklamation geht. Was spricht dagegen, an das fünf, sieben oder zwölf Minuten dauernde Reklamationsgespräch zwei oder drei Minuten anzuhängen und so noch etwas mehr von Ihrem Kunden zu erfahren? Als ablehnende Gründe werden häufig diese genannt:

- Die Kunden haben wenig oder keine Zeit und möchten das Gespräch möglichst rasch abschließen.

- Dem Mitarbeiter des angerufenen Unternehmens läuft die Zeit davon – er hat einen anderen Vorgang wegen des Anrufs unterbrechen müssen.
- Beide sind froh, die Reklamation (hoffentlich) geklärt zu haben und zu angenehmeren Dingen zurückzukehren – also dieses Telefonat zu beenden.

Nutzen Sie den Anruf, um mehr zu erfahren

Das sind durchaus gewichtige Argumente – doch wie steht es damit tatsächlich? Vergleichen Sie die genannten Erwartungen mit dieser Erfahrung aus der täglichen Praxis von Service-Mitarbeitern:

- Das Reklamationsthema möchte der Anrufer möglichst rasch erledigen – dafür sorgen Sie. Doch woher wissen wir, dass der Anrufer danach keine Zeit mehr hat, andere Themen zu besprechen? Gerade dann, wenn die Reklamation zu seiner Zufriedenheit geklärt werden konnte. Dabei gilt: Besser immer erst fragen, statt das Einverständnis vorauszusetzen – etwa so: „Vielen Dank fürs Gespräch, Herr XYZ – schön, dass wir das in Ihrem Sinne klären konnten! Darf ich die Gelegenheit nutzen, wenn wir im Gespräch sind – ich hätte noch zwei Fragen an Sie, einverstanden?"
- Wer sagt denn, dass einige zusätzliche Fragen mehr Zeit kosten? Ein strukturiertes Kurz-Interview kann meist in der Nachbearbeitungszeit geführt werden, in der ein Service-Mitarbeiter das Ergebnis in seiner Bildschirm-Maske notiert – und sofort anschließend die Antworten des Anrufers. Und selbst wenn zwei oder drei Minuten erforderlich sind, der Zusatznutzen ist erheblich! Es genügt also, wenn der Telefon-Mitarbeiter die Erlaubnis und den Auftrag des Unternehmens hat, zusätzliche Fragen zu stellen.
- Bedenken Sie den positiven Effekt auf beide Gesprächspartner, wenn nach dem Klären der meist unangenehmen Reklamation über neutrale oder für beide angenehme Themen gesprochen wird. Sie erinnern sich: Was zuletzt kommt, bleibt am besten haften. So wird der ursprünglich negative Anrufgrund von attraktiveren Themen überdeckt.

So gesehen, könnte „Marktforschung im Anschluss an die Reklamation" sogar eine hilfreiche Strategie sein, einen zufriedenen Kunden zu schaffen: Gefragt zu werden, ist ein Signal der Wertschätzung im Sinne von „Ihre Meinung ist essenziell" und „Wir möchten von Ihnen wissen, was Sie von uns wünschen". Wie auch immer Sie die Ergebnisse der Befragung verarbeiten, beim Befragten muss der Eindruck entstehen, auf sinnvolle und weiterführende Fragen zu antworten.

Fragestellungen für Ihre Marktforschung

Die nächstliegende Frage lautet, wie zufrieden der Anrufer sachlich und persönlich mit der Behandlung am Telefon war. Viele Call-Center schließen diese Kurzbefragung schon wegen der Qualitätssicherung und des Qualitätsnachweises gegenüber ihren Auftraggebern an. Sie werden gelegentlich während einer Warteschleife bereits darauf hingewiesen, dass eine derartige neutrale Befragung folgen kann – und dazu aufgefordert, diese durch Tastendruck abzulehnen oder zu akzeptieren. Der Punkt „Service-Zufriedenheit" wird je nach Unternehmen, Angebot und Kunde um eine Vielzahl weiterer Themen erweitert. Prüfen Sie anhand der folgenden Checkliste, welche davon für Sie infrage kommen.

Was genau wollen Sie wissen?

Checkliste Marktforschungsthemen im Nachklang
von Reklamationsanrufen

Thema	Mögliche Formulierung	Ihre Auswahl
Generell zum Einstieg	„Natürlich ist es wichtig für uns, wie wir aus der Sicht unserer Kunden verfahren sollen …"	
Behandlung der Reklamation?	„Wie war für Sie mein Umgehen mit Ihrer Reklamation? Angenehm – weniger? Zielführend – weniger? Schnell genug – weniger? Insgesamt zufrieden stellend – weniger? Wie von Ihnen erwartet – weniger?"	
Service-Qualität?	„Wie beurteilen Sie den Service unseres Unternehmens grundsätzlich – in Schulnoten von 1–6?"	
Zufriedenheit mit dem Produkt?	„Wie zufrieden sind Sie mit …, abgesehen von Ihrer Reklamation, die wir ja gelöst haben?"	
Warum Produkt gekauft?	„Welchen Anlass hatten Sie, sich … zu besorgen?" „Was hat Sie veranlasst, … zu kaufen?"	

Thema	Mögliche Formulierung	Ihre Auswahl
Warum bei Ihnen gekauft?	„Schön, dass Sie … bei uns gekauft haben! Was war der Grund, dass Sie uns als Lieferant gewählt haben?"	
Wofür Leistung benötigt?	„Wofür konkret setzen Sie denn … ein?" „In welcher Weise nutzen Sie …?"	
Empfiehlt er Sie weiter?	„Wenn Sie auf Leistung … angesprochen werden, würden Sie uns weiterempfehlen?"	
Wie ist er auf Sie gestoßen?	„Wie haben Sie denn zum ersten Mal von uns / von Produkt … erfahren?"	
Generell zum Abschluss	„Herzlichen Dank dafür, dass Sie sich die Zeit genommen haben, weitere Fragen zu beantworten!"	
…		

Vielleicht fehlen Ihnen stärker vertriebsorientierte Themen? Diese werden Ihnen im nächsten Tool (Tool 12: Cross-Selling) begegnen. Gewarnt sei davor, den Appell „Ihre Meinung ist uns wichtig!" sehr verkäuferisch zu artikulieren. Sie wecken damit eine so hohe Erwartung, die Sie kaum erfüllen können. Und prompt fällt Ihr Anrufer in seine Verärgerung zurück, in der er zum Telefon gegriffen hatte, um zu reklamieren.

Setzen Sie maximal drei Fragen ein
Sobald Sie Ihre vorläufige Auswahl möglicher Themen getroffen haben, übertragen Sie diese in das Blanko-Formular aus dem Internet und formulieren die passende Frage in Ihren Worten – oder geben dies einem Service-Mitarbeiter als Aufgabe. Konzentrieren Sie sich für die konkrete Befragung am Telefon auf maximal drei Fragen, die durchaus aus einer umfangreicheren Liste von zum Beispiel sechs Fragen stammen können und je nach Gesprächspartner und -atmosphäre situativ und spontan auszuwählen sind.

TIPP: Dokumentieren Sie mit Excel
Legen Sie zu Beginn Ihrer (Test-)Aktion eine Excel-Datei an, in der Sie die zu stellenden Fragen als Spalte definieren. In die Zeilen tragen Sie die jeweiligen Ergebnisse ein. Je nach Vorgabe erhalten Sie durch geschickte Summenbildung

Gesamtwerte, aus denen Sie via Formel Durchschnittswerte bilden können. Wenn mehrere Kollegen daran arbeiten, verfügt jeder über eine eigene Excel-Datei, die Sie täglich oder auch wöchentlich zusammenführen, ganz nach Ihren Bedürfnissen. (Bei Interesse erhalten Sie auf Anfrage eine Excel-Datei beim Autor, einfach per E-Mail: reiterbdw@aol.com.)

Nutzen der Befragung

Was bezwecken Sie mit den Informationen, die Sie über das Nachfragen im Anschluss an Reklamations-Telefonate gewinnen? Aus diesen Zielen ergibt sich, welche Fragen sich eignen:

Verarbeiten Sie die gewonnenen Informationen weiter

- ▨ Eruieren von Anregungen und Kritik / Änderungen durchführen, etwa im Service oder in Produktanpassungen.
- ▨ Hinweise auf Mängel und ergänzende Wünsche / Entwicklungen anstoßen, etwa bezüglich neuer Produkte.
- ▨ Anstöße für Ideen bekommen / zusätzliche Anwendung Ihrer Produkte und damit Gewinnen neuer Zielgruppen.

Dies sind einige exemplarische Vorgehensweisen, die Ihren leiten Sie aus Ihrer Liste mit den grundsätzlichen Überlegungen ab! Wenn erste interessante Schlussfolgerungen aus diesen Telefonaten Sie auf den Geschmack gebracht haben, erweitern Sie Ihre Ziele und wenden sich am besten an Profis.

CATI: Umfragen per Telefon

An telefonische Marktforschung sind die meisten Deutschen gewöhnt, sie ist etwas völlig Normales neben schriftlichen Befragungen (Fragebogen per Post oder E-Mail), persönlichen Interviews (mit/ohne telefonischer Terminvereinbarung) oder Online-Umfragen. Dafür haben die Marktforscher eigene Standards entwickelt und im System CATI zusammengefasst (Computer Assisted Telephone Interview mit strikter Frageabfolge und softwaregestützter, automatischer Anwahl der ausgewählten Adressen sowie ggf. von Alternativ-Telefonnummern). So gibt es beispielsweise regelmäßig Nachfass-Umfragen von Kfz-Händlern bzw. auch den –Herstellern, die von professionellen Umfrageinstituten durchgeführt werden. Die GfK (Gesellschaft für Konsumforschung) und andere Firmen wählen Zielpersonen stichprobenartig nach vorgegebenen Kriterien aus, um die Ergebnisse repräsentativ zu gestalten, also auf

Professionelle Umfragen für repräsentative Ergebnisse

die gesamte Zielgruppe hochrechenbar zu machen. Auch Wahl-befragungen gehorchen dieser Methode: 2.000 Befragte genügen in aller Regel, die gesamte Wahlbevölkerung darzustellen, weil die demografischen Daten dieser Gruppen so gewählt sind, dass sie denen der Gesamtbevölkerung entsprechen. Auch Sie können primäre Marktforschung weit über Ihre Kunden hinaus betreiben, um auf diese Weise mehr über Ihren Markt zu erfahren. Für der-lei telefonische Interviews gibt es Spezialisten wie zum Beispiel www.phoneresearch.de, die laut eigener Angabe über 170 CATI-Plätze verfügen und 2.000 Interviews innerhalb von zwei Tagen durchführen können.

Testen Sie Ihren Marketing-Mix

Bei diesen Befragungen geht Ihr Interesse natürlich mehr in die Breite und Tiefe: Sie wollen mehr über Ihre bestehenden Kunden, Ihre aktuell bedienten Zielgruppen erfahren – und mehr darüber, wen sonst Sie künftig erreichen könnten. Verbunden mit Fragestel-lungen rund um Produkt, Preis, Promotion und Platzierung Ihrer Angebote testen Sie am besten den kompletten Marketing-Mix. Lassen Sie sich von dieser Beispielliste anregen:

- Welches Verhalten in anderen interessanten Bereichen zeigt die-ser Verbraucher, sei es privat oder beruflich (Software-Anbieter: Welche Hardware hat der Verbraucher), welche andere Software wäre für diese Zielgruppe relevant?
- Auf welchen Wegen informiert er sich über und besorgt er sich vergleichbare Produkte oder Leistungen (online, per Tele-fon …) – Kommunikation umstellen?
- Wann benötigt er in welchem Umfang voraussichtlich welches Produkt / welche Leistung, die Sie ggf. liefern können (Wieder-kauf, Erstkauf …)? Welche Kaufzyklen gibt es, welche Preisklas-sen sind relevant?

Wenn Sie geduldige Kunden haben, lassen sich vertiefende Fragen dieser Art auch in die Nachfragephase der Reklamationstelefonate einbauen.

Überlegen Sie, welche Fragen aus welchen Bereichen interessant sein könnten. Tragen Sie sie in die Tabelle ein:

Unternehmensbereich	Fragestellung(en)	Antwort(en)
Beispiel: Produktentwicklung	„Sie haben von uns Produkt A gekauft. Wofür setzen Sie es ein?"	☐ direkter Einsatz ☐ Einbau in …-Kette ☐ Wiederverkauf
…		
…		
…		
…		
…		

Fazit: Wenn Sie bedenken, dass manche Kunden geduldig minutenlang in der Warteschleife ausharren, bis sie endlich ihren Gesprächspartner erreichen, um ihre Reklamation loszuwerden – was sind dann einige Minuten an dieses Telefonat angehängt, das sowieso Zeit kostet? Warum sollte zu einem anderen Zeitpunkt vonseiten des Unternehmens extra mühsam der Kontakt gesucht werden, wenn er vom Kunden seinerseits freiwillig aufgenommen worden ist? Freuen Sie sich über den psychologischen Effekt beim Reklamierer wie beim entgegennehmenden Mitarbeiter: Auf das Konfliktgespräch folgt ein mindestens neutrales, und ein angenehmes Gefühl bleibt zurück. Dazu kommen die gewonnenen Informationen, die tunlichst ins Marketing Ihres Unternehmens einfließen sollten!

Tool 12: **Cross-Selling stärkt Kundenbindung**

Anstatt viel Zeit und Geld in die Akquisition neuer Kunden zu stecken, investieren Sie beim Cross-Selling ein wenig Zeit und ein wenig Geld mehr als bisher in jene Kunden, die Sie bereits betreuen. Die nämlich wissen bereits, was sie an Ihnen und Ihren Angeboten haben. Sie selbst müssen nicht erst mühsam eine Beziehung aufbauen. Dabei verkaufen Sie an bestehende Kunden mehr vom gleichen oder ein höherwertiges Produkt (Up-Selling) oder zusätzlich ein zum Kauf passendes (Cross-Selling, hier auch als Oberbegriff für Zusatzverkäufe insgesamt benutzt). Diese Strategie liegt auf der Hand im Sinne des geflügelten Wortes „Warum in die Ferne schweifen, wenn das Gute liegt so nah". Dazu kommt, dass Sie Öffentlichkeitsarbeit gratis erhalten:

Ihre Geschäftspartner machen Mund-zu-Mund-Propaganda für Sie – oder auch gegen Sie: Kunden vor allem, ferner Lieferanten, Mitarbeiter und deren Verwandte und Bekannte – und die Kunden von Lieferanten und Kunden. Sie erzählen vielen anderen Menschen von ihren Erfahrungen mit Ihnen, Ihrer Dienstleistung, Ihren Produkten. Dies tun sie vorzugsweise dann, wenn sie eher negative Erfahrungen gemacht haben. Die konkreten Zahlen zu diesem Thema schwanken sehr, je nach Marktforschungs-Studie. Klar scheint jedenfalls, dass etwa zwei- bis dreimal so häufig über schlechte Erfahrungen berichtet wird wie über positive. Noch interessanter ist eine Erkenntnis, die auf den ersten Blick erstaunen mag:

Wer Grund zur Reklamation hatte (= negative Erfahrung), dann allerdings mit der Behandlung und Lösung zufrieden war (= positive Erfahrung), wird künftig mit deutlich höherer Wahrscheinlichkeit wieder dieses Produkt (oder etwas anderes) bei diesem Anbieter kaufen als „normale Kunden", die immer zufrieden waren – also keinen Grund zur Reklamation hatten.

Cross-Selling bei Reklamationsanrufen

Lassen Sie uns zunächst überlegen, was diesem Verhalten zugrunde liegen kann. Solange eine Kundenbeziehung normal läuft, entwickelt sich Routine: Entsteht Bedarf, bestellt der Kunde – oder er wird angerufen, um die Bestellung abzufragen. Die Ware wird geliefert bzw. die Leistung erbracht, alles läuft bestens. Im Grunde genommen vergisst der Kunde, dass es Sie als Lieferant gibt. Wenn weiterer Bedarf entsteht, etwa für ein passendes Produkt, deckt er diesen möglicherweise bei einem Dritten. Es fehlt ihm das Bewusstsein, er könne sich auch dafür Ihrer Leistung bedienen. Fällt dagegen etwas aus dem Rahmen, dann wird die Routine durchbrochen, und Sie gewinnen seine Aufmerksamkeit zurück. Das kann etwas Überraschendes sein (siehe Tool 10) – oder ein Fehler, der zu einer Reklamation führt. Die Hirnforschung hat dafür eine Erklärung parat: Auf der neuronalen Ebene werden bestehende Neuronenverbindungen im Gehirn Ihres Kunden verstärkt (Routine, Gewohntes) und neue Verbindungen geschaffen (Neues, Unerwartetes). Die Wahrscheinlichkeit wächst, dass dieser Kunde bei passender Gelegenheit an Sie denkt. Schritt 1 zur stärkeren Kundenbindung ist getan. Vorausgesetzt, Sie stellen Ihren Kunden im Reklamationsgespräch mindestens zufrieden, birgt der Reklamationsgrund einen prinzipiell positiven Effekt.

Ein Kunde, der den Telefonhörer mit einem frohen Lächeln auflegt, fühlt sich wohl, weil Sie offensichtlich seine Erwartung mindestens erfüllt haben: Er ist freundlich, schnell und kompetent bedient worden. Damit sind Sie auf der sicheren Seite und dürfen hoffen, künftig noch mehr für ihn tun zu können. Schritt 2 einer gefestigten Kundenbindung ist geschafft, und zwar noch im Verlauf des Reklamations-Telefonats, wenn der Beschwerdelöser geschickt und einfühlsam vermittelt und es schafft, dem Reklamierer zusätzlich ein besonderes Angebot zu unterbreiten. Das setzt voraus, dass der Mitarbeiter am Telefon variabel auswählen und zusammenstellen kann und Angebote im Laufe der Zeit geändert werden, statt über Monate gleich zu bleiben. Hier bietet sich neben dem individuellen Bezug zum Anrufer zum Beispiel ein saisonaler Bezug an, wenn dieser darstellbar ist: Frühjahrskollektion, Weihnachtspaket, Angebot für die Gartensaison, …

… mit einem individuellen Angebot

Begründen Sie Ihre Vorschläge

Was für Aussagen und Argumente grundsätzlich gilt, wenden Sie selbstverständlich gerade beim Reklamations-Telefonat an: Sie erläutern, warum Sie denken, das von Ihnen präsentierte Angebot sei für diesen Kunden genau das richtige. Auf diese Weise vermitteln Sie dem Reklamierenden, dass Sie ihm zusätzlich entgegenkommen, indem Sie sich ein Goody für ihn einfallen lassen. Cross-Selling-Angebote bei Reklamations-Telefonaten sind der entscheidende Schritt 3 zur stärkeren Kundenbindung, und zwar unabhängig davon, ob sie aktuell zusätzlichen Umsatz generieren. Lassen Sie anklingen, dass Sie Service bieten möchten:

Leitfaden für Cross-Selling bei Reklamationen

Schritt	Formulierungsvorschlag	Ihre Lösung
C heck = Vorgang abschließen	„Dann machen wir das so wie besprochen: … – Herr XYZ, das ist so in Ihrem Sinne?"	
R angieren = Übergang schaffen	„Schön, ich freue mich, dass wir das so lösen konnten! Dann mache ich Ihnen noch ein besonderes Angebot: …"	
O fferte = konkret anbieten	„Ich habe gesehen, Sie ordern vor allem aus unserem Bereich ABC, richtig? Dann könnte doch auch DEF für Sie interessant sein, oder?"	
S ervice = Sie begründen	„Da gibt es jetzt völlig neu … – wäre es interessant für Sie, dieses Angebot einmal zu testen? Da könnte ich ein Paket speziell für Sie schnüren – und als Dankeschön noch dazu versandkostenfrei."	
S chluss = Sie vereinbaren	„Dann erhalten Sie zusätzlich zu … dieses Mal auch … Vielen Dank auch für diese Bestellung, Herr XYZ – und: bis zum nächsten Mal!"	
Danach	C-M-C im nächsten Telefonat, wenn passend in Auftragsbestätigung usw.	

Formulieren Sie aus der Sicht des Reklamierers Das ist ein Mustergespräch, um Sie zu eigener Konzeption anzuregen. Ausgehend von ersten Notizen in der rechten Spalte der Tabelle finden Sie Ihre persönlichen Formulierungen, die zu Ihren Gesprächspartnern passen. Bevor wir uns den inhaltlichen Aspekten widmen, noch ein Hinweis zur Gesprächsführung: Sie sichern sich die Aufmerksamkeit besonders dann, wenn Sie die Begründung aus der Perspektive Ihres Gesprächspartners formulieren, zum Beispiel so:

„… dann haben Sie …"
„… weil wir Ihnen auf diese Weise …"
„… das kann ich für Sie ohne Rücksprache …"

Sie betonen, dass dies ein besonderer Service für Ihren Reklamationskunden ist, weniger Ihr Vorteil eines Zusatzverkaufs.

„3-B-System" fürs Begründen

Wenn Sie Ihre Aussage, Behauptung oder Präsentation näher erläutern, hat das mehrere Facetten. Beachten Sie mindestens die folgenden drei Aspekte, die Ihre Begründung beim Hörer stark wirken lassen:

So argumentieren Sie erfolgreich

1. *Beweisen*: Führen Sie konkrete Belege an, statt abstrakt und nebulös zu bleiben. Stark wirken zum Beispiel Testimonials, also Zitate von Kunden, aus den Medien, von unabhängigen Instituten (klassisch etwa: Stiftung Warentest).
2. *Betonen*: Sie sollten durch Ihre gesprochene Intonation das hervorheben, was für Ihren *Zuhörer* besonders wichtig ist. Der positive Effekt ist, dass Sie seine Aufmerksamkeit dahin lenken, wo seine Interessen liegen.
3. *Beschleunigen*: Mithilfe einer Begründung werden Aussagen besser verstanden und eher akzeptiert. Nachdenkschleifen wie auch Nachfragen entfallen meistens, und schon geht es im Gespräch weiter – und zwar im Einklang beider Beteiligter. Sie versichern sich des Erfolgs durch eine passende Kontroll- oder Kontaktfrage (siehe Tool 8).

Für jene Leser, die diesen Gedanken aufgreifen und weiter entfalten möchten, folgt ein Work-Chart als Arbeitstabelle, die ebenfalls im Web elektronisch verfügbar ist. Das Beispiel in der obersten Zeile soll Ihnen die genannten drei Punkte verdeutlichen, sodass Ihnen spontan eigene Beispiele einfallen.

Begründen im 3-B-System

Aussage	B1: Beweisen	B2: Betonen	B3: Beschleunigen
„ABC ergänzend zu Ihrem XYZ schafft Ihnen erhebliche Vorteile in der Produktion!"	„Das hat uns erst vor kurzem das Institut MNO bestätigt …"	„… und in der Beurteilung AA hervorgehoben, dass für XYZ-Anwender …"	„Konnte ich Sie damit überzeugen, Herr Kunde?"
…			
…			
…			

TIPP: Setzen Sie Testimonials ein

Sammeln Sie gezielt passende Testimonials für Ihre Produkte und/oder Leistungen. Fragen Sie initiativ danach, etwa bei Ihren besten Kunden. Eine prima Gelegenheit dazu ergibt sich bei Telefonaten – sogar bei Reklamationen. Wenn Sie abschließend fragen „Wie waren Sie mit der Behandlung Ihrer Beschwerde zufrieden?" und sich ein Kunde geradezu überschwänglich bedankt (was vorkommt – und das Ziel sein sollte!), dann bitten Sie ihn konkret um ein „Kundenzeugnis". Sind Außendienst-Kollegen für Ihr Unternehmen im Markt unterwegs, fordern Sie sie auf, ebenfalls um Empfehlungen zu bitten: Das sind Testimonials – Empfehlungen, die Sie zitieren dürfen!

Cross-Selling bei anderen Inbound-Calls

Natürlich können Sie Cross-Selling generell anwenden, auch wenn keine Reklamation vorliegt: Im Grunde ist jeder Inbound-Call (eingehendes Telefonat) dafür nutzbar, egal, ob ein Kunde bestellt (Bestell-Hotline), Hilfe benötigt (Helpdesk) oder Informationen möchte (Info-Line). Wie das konkret ablaufen kann, zeigt Ihnen das folgende Praxisbeispiel.

Cross-Selling als fester Bestandteil im Kundengespräch

Ein Top-Nischen-Player im Mediengeschäft betreibt unter anderem einen Buchclub. Bestellungen erreichen den Anbieter auf verschiedenen Wegen, einer davon ist das Telefon. Während die anderen Wege unidirektional sind, also eine einseitige Kommunikation des Kunden an seinen Club (per E-Mail, Internet-Warenkorb, Fax oder auch Bestellkarte) darstellen, bietet das Telefon die Chance eines persönlichen, vertiefenden Dialogs. In vielen Gesprächen lässt sich Cross-Selling einfügen, etwa mit den Worten „Was sonst kann ich heute für Sie tun, Herr Kunde? Ich sehe, Sie …" usw. Tatsächlich ist die Mitarbeiterin aufgrund der ihr vorliegenden Kundendaten in der Lage, ein individualisiertes Angebot zu machen. Dabei kann sie auf dem Monitor CRM-Daten wie folgt ablesen und berücksichtigen, um ein passend zugeschnittenes Medium vorzuschlagen:

- Kaufverhalten qualitativ (Warengruppen, Themengebiet)
- Kaufverhalten quantitativ (Häufigkeit, gesamt, letztes Jahr)
- Kundenbindung (wie lange Mitglied, wirbt neue Mitglieder)
- Bildung und ausgeübter Beruf
- Geschlecht und Alter (weniger relevant)

Entsprechend kann sie differenzieren und ausgewählte Medien bzw. Themen anbieten:

- Bücher / elektronische Medien zu den Themen Musik, Kunst, Fachliteratur / Sachliteratur / Belletristik
- Einzeltitel, Sonderangebote, Serien, Abonnements
- Besondere Sonderangebote, die für Treuekunden reserviert sind; Angebote älterer Titel, die der Kunde aufgrund seiner kurzen Zugehörigkeit vielleicht noch nicht hat wahrnehmen können
- Fachgebiete, wenn auch seltener gekauft, wenn anwendbar auf derzeitigen Beruf
- Eventuell Geschenk zu besonderer Gelegenheit (zu Weihnachten für die Ehefrau und umgekehrt; sich selbst zum Geburtstag schenken lassen …)

Natürlich nutzt die Mitarbeiterin auch die Chance, weitere zutreffende Aspekte anzusprechen: Sie gratuliert zum Geburtstag, auch rückwirkend, oder macht eine entsprechende Andeutung, wenn dieser erst in einigen Tagen folgt. Für langjährige Treue bedankt sie sich im Namen des Unternehmens und lässt den Kunden einen Geschenkband aussuchen, wenn ein Jubiläum zu feiern ist.

Selbstverständlich gibt es Ausnahmen unter den Kunden, bei denen es eher schwierig ist, ein passendes Zusatzangebot zu definieren. Dazu kommt, dass die Liste möglicher Angebote für den Mitarbeiter am Telefon überschaubar bleiben muss. Was kann er tun, wenn der Kunde …

▨ noch zu kurz dabei ist, ein klares Profil zu haben,
▨ aus zu vielen verschiedenen Themengebieten kauft – ein „Generalist" ist,
▨ jeweils nur sein Minimum bestellt?

Wie sehen Ihre Cross-Selling-Angebote aus?

Beim genannten Unternehmen gibt es dafür das „Buch der Woche", das nach folgenden Kriterien selektiert wird:

▨ Aktueller Bezug (Geburtstag Autor, Thema in den Medien, anderer Jahrestag)
▨ Sonderangebot (also noch oder jetzt besonders günstig)
▨ Ein jährlich neu definiertes Paket aus zwei bis drei Titeln, die entweder nur innerhalb dieses Pakets erscheinen oder auch einzeln kaufbar sind, dann allerdings teurer. Oder ein Paket aus mehreren Fachgebieten, also den „Blick über den Tellerrand" ermöglichend.
▨ Als Geschenk gut geeignet

Bevor Sie sich Gedanken über mögliche Cross-Selling-Angebote Ihres Unternehmens machen, lassen Sie uns die Kette fortsetzen: Nach Cross-Selling bei Reklamationsanrufen und Cross-Selling bei allen anderen Inbound-Calls (also eingehenden Anrufen) mit Cross-Selling zum aktiven Verkaufen.

Aktiv verkaufen mit Cross-Selling

Warum erst auf den Anruf des (reklamierenden) Kunden warten, wenn Sie wissen: Mein neues Angebot XYZ ist bestens für jene Kunden geeignet, die früher bei mir ABC gekauft haben? Zwar sind rechtliche Einschränkungen zu beachten (siehe Seite 105), doch sind die meisten Ihrer guten Kunden offen für geeignete Zusatzangebote. Ein typisches Beispiel ist dieses, ebenfalls aus der Praxis des oben erwähnten Buchclubs:

Zu den Angeboten gehören Buchserien, die im Abonnement geliefert werden, teilweise über mehrere Jahre verteilt erscheinend. Typisch für diese Abonnements ist, dass meistens nach Abschluss weitere Bände erscheinen. Das können Gesamtregister sein, Ergänzungs- und Aktualisierungsfolgen oder Spezialbände, die einzelne Themen vertiefen. Diese Ausgaben wiederum gehören nicht zum eigentlichen Abonnement, sind für viele Bezieher jedoch durchaus wichtig und interessant. Ziel ist es, möglichst viele Abonnenten zum Bezug der weiteren Bände zu motivieren. Das gelingt besonders gut im persönlichen Gespräch am Telefon. Ähnlich erfreuliche Erfahrungen hat das Unternehmen mit einer speziellen Gruppe von Käufern bibliophiler Ausgaben gemacht. Hier fehlt zwar der Bezugszwang, doch werden Angebote der gleichen Art von diesen Käufern sehr positiv aufgenommen. Wie lukrativ es ist, derartige Cross-Selling-Angebote zu platzieren, mögen diese Zahlen zeigen: Folgebände von Serien erreichen mithilfe von Telefon-Marketing 95 Prozent Erfolg (also kaufen 19 von 20 Angesprochenen!), Angebote gleichartiger Titel mehr als 50 Prozent – mindestens jeder zweite Kunde kauft erneut.

Ergänzende Angebote sind für die meisten Kunden interessant

Erwähnt sei, dass das werbende Unternehmen elegant zunächst das „Sahnehäubchen" mit dem preiswerteren Weg des Direktmailings (per Post) abgeschöpft hat. Die Investition ins Telefon-Marketing ist dann zwar höher, jedoch über die Grenzkalkulation bestens abgedeckt: Die Mailing-Kosten waren bereits in die ersten Bestellungen eingerechnet. Wie immer Sie vorgehen möchten und kalkulieren, lernen Sie aus dem Beispiel vor allem eines: Je mehr Sie über die Bedürfnisse Ihrer Kunden wissen, desto genauer können Sie attraktive Angebote finden und formulieren. Nutzen Sie die folgende Tabelle für eine Art CRM (Customer Relationship Management). Sollten Sie ein entsprechendes Software-System installiert haben, umso besser – dann wird Ihnen das geliefert!

Mit CRM erfahren Sie mehr über Ihre Kunden

Ansatzpunkte für passgenaue Cross-Selling-Angebote

Thema / Kriterium	Ausprägung	Bei Ihnen konkret
Menge, Umsatz, Absatz	Euro pro Jahr / Monat; Stück; Servicedauer bzw. -länge / definiertes Paket; versandkosten- freie Lieferung	
Themen konkret Produkt/Leistung	Gruppe A; Linie X; Sorte 3; Produkt XYZ / passendes Produkt aus Familie	
Dauer der Kundenbeziehung	Kürzer als 1 Jahr; 1–3 Jahre; 3–5 Jahre; über 5 Jahre / Treueangebot / -prämie	
Intensität der Kundenbeziehung	Mindestens monatlich; nur 1- bis 4-mal pro Jahr; seltener / Paket; versandkostenfrei	
Bestell- und Bezugswege	Schriftlich; Telefon; Internet; Spedition / wenn Bezug soundso = versandkostenfrei	
Zahlungsverhalten	Zahlt mit Skonto; innerhalb der Frist; überzieht; erst nach Mahnung / Valuta anbieten	
…		
…		

Manchmal wird hieraus ein Punktewert errechnet, um einen Kunden in A, B, C nach seiner Wichtigkeit einzustufen: RFMR (Recency, Frequency, Monetary Ratio) kann die Basis dafür darstellen, einem Kunden im Reklamationsfall mehr oder weniger entgegenzukommen. Ähnlich könnten Sie beim Cross-Selling verfahren und beispielsweise einen Sonderpreis für eine Offerte gestuft definieren: A-Kunden zu 50 Prozent des Normalpreises, B-Kunden zu 65 Prozent und C-Kunden zu 75 Prozent. Für Scoring-Verfahren dieser Art bietet es sich an, spezielle CRM-Systeme als Software zu nutzen. Ansonsten empfiehlt es sich, dass der Reklamationsbetreuer situativ und spontan über das Angebot entscheidet.

Alternativ-Struktur AIDA

Auf Seite 28 haben Sie kurz über AIDA als Leitfaden-Struktur gelesen. Hier folgt nun die moderne Interpretation der AIDA-Formel. Sollten Sie meinen, diese Denkstruktur sei genauso „out" wie das zugrunde liegende Modell von „Stimulus – Respons", dann legen Sie für sich andere Inhalte hinein:

A – für Anregungen geben (statt Aufmerksamkeit erregen)
I – für Informationen vermitteln (statt Interesse wecken)
D – für Dialog entwickeln (statt Drang zum Kauf erzeugen)
A – für Auftrag erhalten (statt zur Aktion auffordern)

Auf diese Weise pushen Sie weniger, Sie erzeugen Pull. Moderne Marketing-Strategen meinen damit, die Initiative stärker dem (mündigen) Verbraucher zu überlassen, statt ihn unter Druck zu setzen. Wenn Ihr Angebot überzeugend ist und zugleich auf einen aktuellen Bedarf trifft, ist der Kauf die natürliche Folge, um ein tatsächlich vorhandenes Bedürfnis zu erfüllen. Übertragen auf das Reklamations-Telefonat können Sie so oder ähnlich formulieren:

Erzeugen Sie „Pull"

Schritt für Schritt:	Mögliche Formulierung „Pull"	… statt Formulierung „Push"
Anregungen geben	„Ist Ihnen aufgefallen – seit kurzem gibt es bei uns auch XYZ"	„Jetzt gibt es XYZ als besondere Neuheit"
Informationen vermitteln	„Dabei handelt es sich um eine Weiterentwicklung von … Darauf haben uns Kunden gebracht, die wie Sie …"	„Viele Kunden haben gleich zugegriffen – das wäre doch was für Sie, passend zu …!"
Dialog entwickeln	„Könnte Sie das interessieren, Herr …?" „Was möchten Sie darüber wissen?" „Welche Fragen kann ich Ihnen …?"	„Greifen Sie am besten gleich zu, Herr …: Das gibt es nur kurze Zeit …"
Auftrag erhalten	„Zum Kennenlernen bieten wir vorübergehend eine Testlieferung mit Rückgaberecht an."	„Möchten Sie lieber die Testversion – oder besser gleich eine Verpackungseinheit mit … Prozent?"
Kommentar zur Vorgehensweise:	Benötigt ein oder zwei Schritte mehr, ist softer und in diesem Sinne „kundenfreundlicher".	Geht rascher, ist abschlussstärker, bringt sicher mehr Erfolg.

Aus der Kommentarzeile ersehen Sie die Vor- und Nachteile der Vorgehensweisen. Dabei kann es für Sie „sowohl-als-auch" heißen: Entscheiden Sie kontextbezogen, je nach Kundentyp und Gesprächsentwicklung!

Negationen gezielt einsetzen

Damit ist wohl dosiert und in passender Art und Weise gemeint, was diese Anekdote beleuchtet, die immer wieder zitiert wird und Ihnen vielleicht bekannt ist. Auch Hirnforscher setzen sie gerne ein: „Denken Sie jetzt *nicht* an einen rosa Elefanten! *Auf gar keinen Fall* denken Sie an einen Elefanten – und schon gar nicht in Rosa!" Was passiert, ist vorhersagbar: Die aufgeforderten Personen denken an genau das, was sie vermeiden sollen. Der rosa Elefant besetzt die Imagination! Das Gehirn der Zuhörer hat das Nein ignoriert, es entwickelt im Gegensatz sogar eine ausgesprochen plastische Vorstellung von dem verbotenen Thema. Die Neurowissenschaften haben in diesem Zusammenhang die sogenannten Spiegelneuronen entdeckt. Vereinfacht gesagt, ist es für das menschliche Gehirn gleichgültig, ob eine Person selbst eine bestimmte Tätigkeit ausübt oder dies von einer anderen Person aus geschieht: Neuronale Netze in den gleichen Arealen beginnen zu feuern. Dies geschieht auch dann, wenn es gelingt, verbal etwas besonders plastisch darzustellen und somit alle Sinne an der Imagination zu beteiligen (siehe Tool 2). Ob Sie diese Erkenntnis künftig nutzen, um Ihre Präsentation durch Negativ-Hinleitung zu würzen, sei Ihnen überlassen …

Leugnen ist zwecklos

Mit Negativ-Effekten haben Sie jedenfalls zu rechnen, wenn Sie offensiv ein bestimmtes Vorgehen verneinen: „Nein, nein, wir wollen Ihnen nichts verkaufen!" wird vom Hörer augenscheinlich als Leugnen dessen aufgenommen, was Sie erreichen möchten. Ob Sie diese Antwort auf einen Einwand geben („Ich kaufe nichts am Telefon!") oder Ihre Präsentation von sich aus damit einleiten („Ich möchte Ihnen heute nichts verkaufen – vielmehr …"), spielt dabei eine untergeordnete Rolle. Deshalb empfehle ich Ihnen, auf Übergänge und Einleitungen dieser Art zu verzichten. Fallen Sie besser mit der Tür ins Haus oder drücken Sie die Türe sanft auf, indem Sie die Frageform wählen: „Könnte Sie XYZ auch interessieren?" oder „Vorausgesetzt, XYZ würde Sie interessieren – wann käme ein Kauf für Sie infrage?"

Auf diesen Ablehnungseffekt wurde vor einiger Zeit in einem Zeitungsartikel hingewiesen: *Leugnen ist zwecklos. Einschränkende Redewendungen wie ‚Ich möchte jetzt nicht arrogant klingen, aber …‘ machen Aussagen nur drastischer* (siehe *SZ* vom 09.01.2008). Von dieser Sorte Aussagen gibt es durchaus noch mehr.

Ablehnung vermeiden

„Da haben Sie mich missverstanden", hört der Gesprächspartner weniger gern, Gleiches gilt für „Das haben Sie falsch verstanden!" etwa als Replik auf eine telefonische Beschwerde. Wer freut sich schon darüber, oberlehrerhaft behandelt zu werden? Wer vermeiden will, selbst ablehnend empfunden zu werden und damit wiederum Abwehr beim Hörer zu erzeugen, wird den Blickwinkel verändern: „Da habe ich mich wohl missverständlich ausgedrückt!" oder „Das war jetzt schwer verständlich von mir" klingt anders und erregt beim Gegenüber eher das Gefühl, selbst in die Bresche springen zu müssen. Damit haben Sie viel für die Atmosphäre getan.

Keine lehrerhaften Antworten

Mehrstufig vorgehen

Call-Mail-Call ist an sich bereits ein mehrstufiges Vorgehen (siehe Tool 9), aus dem Sie eine Strategie für Ihr aktives Cross-Selling ableiten können! Da Sie in diesem Fall von sich aus anrufen, braucht es häufig mehr Überzeugungskraft im Vergleich zum Inbound-Cross-Selling aufgrund Reklamation oder Bestellung des Kunden. Er rechnet nicht mit Ihrem Anruf und reagiert wahrscheinlich zunächst abwartend, statt entscheidungsfreudig Ihr Angebot anzunehmen. Bevor Sie ein „Nein" riskieren, empfiehlt es sich, einen Zwischenschritt anzubieten:

- „Das möchten Sie sicherlich Schwarz auf Weiß lesen, Herr XYZ? Einverstanden, wenn ich Ihnen das Angebot schriftlich zukommen lasse und wir telefonieren nochmals dazu?"
- „Welche Informationen hätten Sie dazu gerne, Herr XYZ? Genügt Ihnen die genaue Beschreibung als Mail-Anhang oder soll ich Ihnen die ausführliche Broschüre per Post schicken? Ihre Fragen beantworte ich dann gerne im nächsten Telefonat!"
- „Viele unserer Kunden zögern zunächst, wie Sie jetzt auch, Herr XYZ – weil Sie erst einmal etwas sehen möchten. Kommt es

Unterlagen anbieten

Ihnen entgegen, wenn ich Ihnen ein Muster von ABC schicke – und wir alles Weitere dann im nächsten Telefonat klären?"

▨ „Was wäre für Sie ein nächster Schritt, Herr XYZ? Eher … oder lieber …? Dann sagen Sie mir Ihre Meinung, wenn ich Sie wieder anrufe …"

Wie klingt das für Sie, wenn Sie sich in den Kunden hineinversetzen? Auch auf diese Weise nehmen Sie Druck heraus und überlassen es dem Gesprächspartner, zu entscheiden. Allerdings nehmen Sie ihn in die Pflicht: Ein weiteres Telefonat muss jedenfalls sein, sonst bleibt Ihr Angebot zu unverbindlich. Schließlich möchten Sie im nächsten Schritt Ihr Cross-Selling mit einem Verkauf besiegeln!

Das Minimal-Programm im Cross-Selling

Werden Sie Datensammler Erfolgreiche Zusatzverkäufe erfordern, an bestehende Informationen über den angesprochenen Kunden anknüpfen zu können. Eine Reihe von Ansatzpunkten ist in diesem Kapitel verarbeitet, weitere haben Sie für sich gefunden, etwa im Rahmen von CRM-Systemen. Je mehr Sie über Ihre Kunden wissen, desto versierter kann ein Telefonat geführt werden. Häufig genug erlebe ich die Situation, dass ich gefragt werde: „Woher sollen wir denn diese Informationen über den Gesprächspartner nehmen?" Zwar weist das Warenwirtschaftssystem aus, was der Kunde wann gekauft hat. Das sind entscheidende Informationen, ergänzt um Adresse und Telefonnummer. Doch darüber hinaus ist nichts bekannt – weder das Geburtsdatum noch die E-Mail-Adresse oder der berufliche Hintergrund. Dabei sind diese Daten (auch die konkrete Funktion / Position des Ansprechpartners oder Hobbys) sowohl im Privatkundengeschäft als auch im Business-to-Business-Bereich wichtig. Schon sind wir bei einem weiteren Grund, ein (Reklamations-)Gespräch zu verlängern: die Abfrage von Informationen, die Sie gerne nutzen möchten. Die meisten Kunden sind bereit, diese Informationen zu geben, aber die wenigsten Unternehmen fragen danach. Dies belegt etwa der Brancheninformationsdienst Versandhausberater (www.versandhausberater.de), der regelmäßig Versender mithilfe telefonischer Bestellungen und/oder Informationsanfragen testet. Primäres Ziel ist es dabei, Kataloglaufzeiten zu ermitteln: Wie lange dauert es, bis der angeforderte Katalog beim Besteller eintrifft? Nebenbei werden andere Aspekte aufgenommen, etwa die Datenabfrage. Zitiert sei in Auszügen das Ergebnis eines Tests bei Schweizer Versendern Ende 2007 (gerundete Werte).

Welche Kriterien nennen Ihnen Ihre Kunden?

Kriterium	Versender an privat	Versender an Geschäft
Geburtsdatum	21 % – jeder 5.	–
Telefonnummer	46 % – fast jeder 2.	43 % – knapp jeder 2.
E-Mail-Adresse	6 % – nur jeder 16.	9 % – gerade jeder 10.
Faxnummer	–	9 % – nur jeder 10.

Wenn Sie also über mehr hilfreiche Daten verfügen möchten, als Sie bisher haben, dann schaffen Sie die Voraussetzungen dafür:

So kurbeln Sie die Datenabfrage an

- Definieren Sie die Abfrage als Ziel für möglichst jedes Telefonat, ob aktiv (outbound) oder reaktiv (inbound).
- Ermöglichen Sie die Darstellung der vorhandenen Daten auf dem Bildschirm des Mitarbeiters, damit ein optischer Abgleich möglich ist.
- Forcieren Sie die Abfrage, indem Sie fehlende Daten visuell hervorheben lassen – leere Felder sind zum Beispiel gelb unterlegt.
- Belohnen Sie das Ergänzen von Daten ähnlich wie gelungene Zusatzverkäufe, wenn dies möglich ist (Abstimmung mit Betriebsrat ggf. erforderlich).
- Erweitern Sie den Kriterienkatalog für die Auswahl möglicher Cross-Selling-Angebote: Auf diese Weise wird zwanglos die Abfrage fehlender Daten nötig.
- Erarbeiten Sie den Kriterienkatalog und somit abzufragende fehlende Daten zusammen mit den betreffenden (ergo auch betroffenen) Mitarbeitern.

Wer vermeiden möchte, durch Cross-Selling zu offensiv vorzugehen, quasi als „Jäger" auf der Jagd nach Aufträgen aufzutreten, kann via Datenabfrage zumindest zum „Sammler" werden. Mithilfe der erreichten Datenerweiterung sind erweiterte und vertiefte Marketingmaßnahmen jenseits des Telefon-Marketings möglich: etwa elektronische Mailings – eine gezieltere Auswahl von Adressaten der Mailings per Post – das Nutzen von Kontaktchancen außerhalb reiner Verkaufsangebote usw.

Liefern Sie immer eine Begründung

Begründen Sie beim Abfragen, warum Sie um diese Daten bitten:

„Geben Sie mir noch Ihr Geburtsdatum, bitte – damit wir Ihnen künftig zum Geburtstag gratulieren können."
„Ich sehe gerade, Ihre Mail-Adresse sollte ich noch eintragen. So erhalten Sie künftig Angebote, die rasch vergriffen sind."
„Sagen Sie mir bitte Ihre Funktionsbezeichnung? Wir können Ihnen dann besser ausgewählte Informationen an die Hand geben, die für Sie wirklich relevant sind."

Ein schöner Ansatzpunkt für weiterführende Fragen ist zum Beispiel: „Danke! Wen sonst in Ihrem Unternehmen sollte ich bei unseren Informationssendungen berücksichtigen und für welche Themen?" Ihrer Fantasie sind wenig Grenzen gesetzt, im Grunde nur selbst zu definierende: Wie privat wollen Sie werden? Wie viel Zeit soll der Mitarbeiter einsetzen? Und letztlich die wichtigste Grenze: Welche Informationen wollen und können Sie sinnvoll verwerten?

Fazit: Cross-Selling muss vor allem eine „Über-Kreuz-Kommunikation" vermeiden. Das heißt, Ihr Gesprächspartner muss das Gefühl haben, einen besonderen Service zu erhalten. Er erhält ein auf seine Bedürfnisse zugeschnittenes, individuell passendes Angebot, das seinem sonstigen Kaufverhalten und seinen Informationswünschen entspricht. Viel lernen lässt sich von konsequenten E-Commerce-Anbietern, allen voran amazon: Ausschließlich elektronisch kommunizierend, erzeugt das Surf- wie Kaufverhalten der Kunden gezielte Angebote, die von den meisten Kunden begrüßt werden. amazon übernimmt die Informationsbeschaffung für seine Kunden, ein echter Service! Übertragen Sie dieses System auf Ihre Art des Cross-Selling per Telefon, Sie werden Erfolg haben. Bedenken Sie dabei den Nebeneffekt auch bei jenen Kunden, die aktuell auf Ihr Angebot verzichten: So oder so haben Sie jedem Kunden etwas Gutes getan, freundliche und kompetente Telefonate vorausgesetzt. Die Kundenbindung wird dadurch eindeutig intensiviert.

Kapitel 6:
Die Kür – Ein weiteres Dutzend Tipps, Tricks und Techniken

Ein ganzes Dutzend ausführlicher Themen-Tools haben Sie nun kennen gelernt. Dabei haben wir gemeinsam sowohl Organisatorisches erarbeitet als auch besonderes Augenmerk auf die Facetten der Kommunikation gerichtet. Was haben Sie für sich entdeckt? Hoffentlich war vieles für Sie dabei, zu dem Sie „O. K." sagen konnten? Der Schwerpunkt bei Tool 1 bis 12 lag auf Formulierungen, mit denen Sie vielerlei BABS gut bewältigen können: **B**ranchen jeglicher Art, **A**bläufe je nach Organisation und Typ, **B**ereiche im Unternehmen und **S**ituationen (als Anrufer oder Angerufener; verkaufend oder einkaufend; im Einzelgespräch oder in der Telefonkonferenz usw.).

Schöpfen Sie dabei aus dem reichen Potenzial, das das Prinzip von Filtern und Verstärkern bietet, um für Sie sinnvolle Tools gezielt und bewusst einzusetzen: Was für den einen in einer bestimmten Situation ein Filter ist, kann für ihn bei anderer Gelegenheit zum Verstärker werden – und umgekehrt. Häufig werden in der Kommunikation diese Momente als Filter bzw. Verstärker angesehen:

Setzen Sie gezielt Filter und Verstärker ein

- *Filter:* alle Weichmacher (Konjunktiv, Passiv-Konstruktionen, Negationen …) und 5-F-Wörter; Schachtelsätze; zu viel sprechen; zu lautes / zu schnelles / zu hohes / zu monotones Sprechen.
- *Verstärker:* aktive Kommunikation (Verben, auffordernde Formulierungen nach der Struktur „Bitte tun Sie Folgendes: …"); kurze eingliedrige Sätze und Wörter; eher leises, langsames, tiefes, stark moduliertes Sprechen; Zuhören.

Bei der Lektüre dieses Buches haben Sie bereits Situationen kennen gelernt, in denen die genannten Filter verstärkend wirken können, etwa die Weichmacher bei Erstkontakten oder Reklamationsanrufen. Ich empfehle Ihnen, situativ flexibel zu kommunizieren – das gilt auch für die nun folgende Fortsetzung.

Ein zweites Dutzend Telefon-Tools soll Ihnen kurze Denkanstöße liefern. Sie sind in der Praxis erlebt, in der Praxis erprobt und für die Praxis aufbereitet. Die Tools 13 bis 24 sind personenunabhängig, da individuell anpassbar: Wie beispielsweise jemand einen Spiegel beim Telefonieren einsetzt, hängt vom Arbeitsumfeld ab, unterstützend wirken kann er immer. Teils greife ich Hinweise oder im Text hervorgehobene Tipps aus den Tools 1 bis 12 der Kapitel 2 bis 5 auf, um sie zu vertiefen und zu ergänzen, teils sind die „Tipps, Tricks und Techniken" völlig neu. Lassen Sie mich dabei klarstellen: „Tricks" sind kleine Kniffe, die Ihnen das Leben am Telefon leichter machen sollen, völlig frei davon, andere Menschen auszutricksen zu wollen. Die Techniken helfen Ihnen, Routinen schneller zu entwickeln, ohne gleich automatische Abläufe zu erzeugen. Dabei weist alles meist die berühmten „zwei Seiten einer Medaille" auf: Sie entscheiden, was Sie daraus entstehen lassen.

TTT 13: **Pausen gezielt einsetzen**

Weniger sprechen ist mehr

Sich einer anderen Person zuzuwenden, vermittelt besondere Wertschätzung. Aufmerksames Zuhören leistet einen Beitrag dazu, Zuhör-Signale verstärken die Wirkung. So oder so ist Schweigen ein Zeichen von Zuhören: Sprechen und Zuhören sind eindeutig „zwei Paar Stiefel". 50 oder gar 70 Prozent Dialog-Anteil beim Verkaufsgespräch soll der Käufer haben, also die Hälfte oder gar zwei Drittel, auf jeden Fall mehr als der Verkaufende. Das scheint so einfach und ist doch äußerst schwierig. Denn wir als der aktive Teil der Kommunikation, als Gesprächsführer am Telefon, wir haben etwas zu vermitteln, sollen unsere Leistung präsentieren, wollen überzeugen, also argumentieren. Hilfreich auf dem Weg zum „weniger sprechen für mehr Erfolg" ist es, Fragen zu stellen und so die andere Person immer wieder ins Gespräch zu bringen. Hilfreich sind auch Gesprächspausen, denn das Besprochene muss verarbeitet werden.

Zwar denken wir schneller als wir sprechen, dennoch stellen unsere Gehirne im Gespräch viele Verbindungen her, die intern geknüpft werden, ohne sie auszusprechen. Das braucht Zeit, die Sprecher und Hörer durch Pausen gewinnen. Dafür genügen Sekunden. Ähnliches gilt für die Pause am Telefon: Setzen Sie sie gezielt, denn Schweigen ist schwer auszuhalten – probieren Sie's aus. Schon drei Sekunden Stille führen dazu, dass alle am Gespräch Beteiligten innerlich darauf drängen, die Pause zu beenden – schon spricht einer der Telefonierer. Also, wann pausieren Sie am Telefon?

- Ihr Gesprächspartner redet und redet und redet. Unterlassen Sie Zuhörsignale, dann wird er stoppen („Sind Sie noch am Apparat?") und Sie können einhaken.
- Ihr Gesprächspartner schweigt, gibt also seinerseits keine Zuhörsignale mehr – er ist raus aus dem Dialog. Schweigen Sie ebenfalls, wird er wieder zu sprechen beginnen.
- Sie haben das Gefühl, bereits zu lange zu reden, wenn auch Ihr Zuhörer sich noch durch paralinguistische Töne beteiligt („Hmm … aha … jaa … so …"). Lassen Sie einen Satz ausklingen und geben Sie dem anderen die Chance zu sprechen.

Wann sind Pausen sinnvoll?

In den Pausen kann all das ablaufen:
- Mitdenken: Das Besprochene wird weiter verarbeitet und kann abgeschlossen werden.
- Nachdenken (lassen): Wer hinterherhinkt, etwa wegen zu schnellen Sprechens des anderen, kann aufholen und reagieren.
- Der Gesprächspartner kann aufhören zu sprechen – vielleicht fühlte er sich durch Ihre Zuhörsignale genötigt, weiterzureden.

Was während der Pause abläuft

Neben dem Fragenstellen verfügen Sie damit über eine weitere Strategie, den Dialog zu forcieren. Denn auch für das indirekte Unterbrechen gilt: Pausen erweitern Ihr Dialogs-Repertoire und schaffen neue Chancen für beide Kommunizierenden, Antworten zu geben, ohne die andere Person unterbrechen zu müssen. Die echte „Aus-Zeit" als beiderseitige Gesprächsunterbrechung ist als Erweiterung dieses Tools gelegentlich eine exzellente Chance, kritische Gespräche zu retten: Das vereinbarte Auflegen, um nach einigen Minuten erneut ins Gespräch zu gehen, entspricht der Aus-Zeit in Meetings und Verhandlungen.

TTT 14: Storys überzeugen Skeptiker

Dritte helfen verkaufen

„Die kann mir ja viel erzählen", denkt sich so mancher Gesprächspartner beim Verkaufs- oder auch Reklamationstelefonat. Denn klar ist: Nur wer von seinem Angebot und der Leistung seines Unternehmens überzeugt ist, kann dies mit Begeisterung nach außen vertreten. Entsprechend machen Außenstehende fast automatisch und eher unbewusst Abstriche von den Versprechungen und dem Dargestellten. Weil das der Verkäufer weiß, trägt er lieber noch ein wenig dicker auf, womit eine Argumentations-Spirale in Gang kommt: Argumente wechseln sich mit Einwänden ab, es wird viel geredet – viel mehr, als nötig wäre. Wenn Sie als Vertreter Ihres Unternehmens zwar „pro domo" sprechen, die Aussage jedoch einer anderen Person in den Mund legen, nämlich einem neutralem Dritten, entspricht die Wirkung der eines Testimonials: Anstelle der Medien treten im Kontakt zwischen Unternehmen und Zielgruppe andere Kunden auf, die durchaus anonym zitiert werden können. Celebrities (also bekannte Persönlichkeiten) haben dabei eine ähnlich starke Wirkung wie beim Auftreten in Werbespots – oder gar eine stärkere.

Betrachten wir zunächst, wie Profis diese Technik in konkrete Formulierungen umsetzen:
„Gerade vorhin sagte mir ein Kunde aus …(-Branche) …"
„Erst letzte Woche wurde ich darauf angesprochen, dass …"
„Beim ABC-Kongress kam kürzlich ein begeisterter Mitbewerber auf mich zu, der … einfach toll fand – das tut einem natürlich besonders gut …"
„Vorhin hat mir mein Chef gerade den Brief einer unserer langjährigen Kunden gezeigt, der sich für unser Dankeschön bedankt hat: Er feiert sozusagen sein 20-jähriges Jubläum mit uns … Und hat uns geschrieben, dass er deshalb so lange dabei ist, weil …"

Testimonials sind überall einsetzbar

Diese können Sie in vielen verschiedenen Bereichen einsetzen:
- ▦ Verkauf (Akquise)
- ▦ Bewerbungstelefonat (beiderseits – Kandidat und Unternehmen!)
- ▦ Einkauf (zum Beispiel, um bessere Konditionen zu erhalten)

■ Reklamation (… für die Zukunft garantiert bessere Leistung glaubhaft zu versprechen)

Welche Bereiche in Ihrem Unternehmen fallen Ihnen dazu ein?

Woher aber können Sie diese Testimonials bekommen, wenn Sie noch keine Sammlung angelegt haben, wie manche Unternehmen es gezielt tun, und es Ihnen schwerfällt, ad hoc passende Stimmen von Kunden und anderen relevanten Personen zu erhalten? Die Lösung ist einfach, wenn Sie sicher sind, derartige Aussagen anonymen dritten Personen in den Mund legen zu dürfen und die folgenden Voraussetzungen erfüllt sind:

Woher auf die Schnelle nehmen?

■ Sie selbst stehen voll dahinter.
■ Die Qualität Ihrer Leistung ist allgemein anerkannt (ISO-Zertifizierung, Stiftung Warentest, Bio-Siegel usw.).
■ Sie sind sicher, gegebenenfalls eine entsprechende Empfehlung eines Kunden (oder einer anderen relevanten Person) erhalten zu können.

Nutzen Sie in diesem Fall guten Gewissens einen der oben angeführten Sätze, um ein anonymes Testimonial einzufliegen. Zudem gilt hier Ähnliches wie beim Thema Empfehlungen: auch intern zählt. Wenn Sie dort die Telefon-Zwischenstelle zitieren („Ihre Frau XYZ vom Empfang hat mir empfohlen, Sie direkt anzusprechen"), dann tun Sie das bei einem Testimonial mit Ihrer Geschäftsleitung: „Mein oberster Chef hat erst letzte Woche geradezu euphorisch erklärt, …". Natürlich ist ein solches Testimonial auch „pro domo" – doch ist der Chef auf einer anderen Ebene angesiedelt!

Entscheiden Sie situativ während des Telefonats, ob Sie ein Testimonial (welches auch immer) einfach im Raum stehen und beim Gesprächspartner wirken lassen, oder ob Sie gleich eine weiterführende Frage anschließen, etwa: „Wie klingt das für Sie, Herr Kunde?" Variante 1 ist weicher (eher zur Gesprächsführung einer Frau passend) und entspricht eher dem PR-Gedanken, Variante 2 ist verkäuferischer, direkter und „männlicher".

TTT 15: **Auflegen statt aufregen**

Was tun Sie, wenn Sie sich in einem sogenannten Dilemma befinden? In einer Situation, in der auf jeden Fall falsch ist, was auch immer Sie tun oder sagen? Etwa weil Ihr Gesprächspartner sehr erregt oder höchst konträr eingestellt ist, weil Sie das Gefühl haben, sein Ohr sei für Sie verschlossen, weil er Sie in eine Zwickmühle gebracht hat (oder Sie sich selbst: „Entweder Sie machen mir jetzt die Zusage – oder …!") oder weil die andere Person ausfallend wird? Wer cool zu bleiben versteht, reagiert darauf verbal überleitend und zugleich sanft ablehnend („Verstehe ich Sie richtig …?" oder ähnlich).

Wenn nichts mehr geht: auflegen

Wer vergeblich nach einem Ausweg sucht, dem bleibt vielleicht nur das Auflegen. Dieses Vorgehen entspricht der Mach-mal-Pause-Strategie, was zur Konfliktlösung in Vis-à-vis-Gesprächen beitragen kann. Die Beteiligten nehmen eine Aus-Zeit. Weich aufgefangen, funktioniert das am Telefon etwa so: „Herr XYZ, sorry – mein Chef verlangt dringend nach mir, ich darf Sie gleich zurückrufen? Die Nummer auf dem Display? In fünf Minuten – ist das O. K.?" Wenn Sie dann eine Botschaft vom Chef mitbringen, die die Situation zu entschärfen hilft, umso besser! Der harte Schnitt ist das Auflegen, das Überwindung kostet, weil Sie gegen Konventionen verstoßen.

Verschaffen Sie sich höflich eine Pause

Wenn Sie aber die gewonnenen Minuten nutzen, um sich selbst zu beruhigen und den Gesprächspartner entspannter zurückrufen zu können, wird eine konstruktive Technik daraus: „Herr XYZ, wir wurden getrennt – jetzt sind wir wieder beieinander! Passt es noch bei Ihnen? Helfen Sie mir, wobei waren wir gerade?" Besser noch beginnen Sie mit „Zuletzt hatten wir gesprochen über …" und verändern den Inhalt in dem Sinn, der Sie beide in einen erquicklichen Dialog führt. Dieses Vorgehen sollte zwar eine Ausnahme bleiben, ist jedoch einer (weiteren) Eskalation im Telefonat vorzuziehen. Damit Sie möglichst ohne diesen Trick auskommen, üben Sie alternativ, Schritt für Schritt mit schwierigsten Situationen fertig zu werden:

▧ Legen Sie die Hand über das Mikrofon und atmen Sie mehrfach tief und bewusst durch.

- Sprechen Sie Ihren Gesprächspartner an, unterbrechen Sie ihn sanft, indem Sie seinen Namen nennen.
- Versprechen Sie Klärung – durch den Chef, durch anderweitige Beratung – und offerieren Sie einen Rückruf innerhalb nützlicher Frist. Alternativ verbinden Sie an eine andere Person, die ein „Chef" sein kann.
- Sie danken Ihrem Gesprächspartner und legen auf.

Auf gar keinen Fall sollten Sie auf eine der folgenden Arten – die ich schon mehrfach erlebt habe – das Gespräch beenden und auflegen:

- „… dann schlafen Sie weiter!"
- „… dann kann ich Ihnen auch nicht helfen!"
- „… *trotzdem* schönen Tag noch!"

TTT 16: Karten-Methode für die eigene Gesprächsführung

Ein Gesprächs-Leitfaden fürs Telefonieren wird meist linear dargestellt, so wie hier im Buch. Eine zweite Variante ist die Baum-Struktur mit Argumenten- und Einwand-Ästen, angelehnt an die MindMap®-Methodik, die das Visuelle betont. Je nach Lerntyp kommen Sie mit einer dieser beiden Versionen besser zurecht – oder mit folgender dritter:

Wer sich leichter tut, Gesprächselemente einzeln in den Griff zu bekommen, also kinästhetisch orientiert ist, wählt vielleicht die Karten-Methode. Das bedeutet, jede Formulierung erhält eine eigene Karte (Moderationskarte oder Zettel DIN A5 oder DIN A6). Diese Kartensammlung hat mehrere Vorteile:

Formulierungs-Karten als Wegweiser durch das Gespräch

- Sie sortieren die Karten jeweils in sinnvoller Reihenfolge, so, wie Sie Ihr Gespräch führen wollen.
- Sie lassen Karten weg, die Sie für Ihr Gespräch nicht nutzen möchten.
- Sie fügen neue Karten ein.
- Sie formulieren bei Bedarf einen Kartentext so um, wie „Ihnen

der Schnabel gewachsen ist", um die Formulierung spontan authentisch platzieren zu können.

Dabei berücksichtigen Sie die gewünschte Gesprächsdramaturgie genauso wie die Empfängerorientierung bezüglich der Person, mit der Sie telefonieren werden.

Mischen Sie Ihre Karten immer wieder neu

Hier einige Tipps für die Umsetzung in die Praxis:

▨ Benennen Sie jede Karte mit der Gesprächsphase, um die Reihenfolge vorzugeben, etwa nach dem von Ihnen gewählten Leitfaden-Akronym.

▨ Mit Microsoft Word lässt sich dieses System sehr einfach realisieren: Pro Seite A4 quer (!) eine Formulierung, etwa 36p groß. Beim Ausdruck wählen Sie im Drucker-Menü (Eigenschaften) die Variante „4 Seiten auf 1". Dann erhalten Sie durch Zerschneiden DIN-A6-„Karten".

Ein Beispiel finden Sie im Internet auf www.gabal-verlag.de unter „Effektiv telefonieren". Apropos elektronisch: Natürlich können Sie sich diesen Leitfaden auch auf dem Bildschirm aufrufen und beim Telefonieren verwenden.

TTT 17: Dos und Don'ts am Telefon

Profis beachten den Telefon-Knigge

Aus vielfach diskutierten Gründen ist die Kommunikation via Telefon schwieriger als die persönliche. Stellen Sie sicher, das Menschenmögliche für ein trotzdem erfolgreiches Gespräch zu tun, indem Sie zusätzliche Erschwernisse vermeiden – eine Art „Telefon-Knigge" hilft Ihnen dabei. Die folgende Liste benennt, was Sie besser vermeiden sollten, um gut verstanden zu werden:

▨ Rauchen

▨ Kaugummi-Kauen

▨ Trinken (Schluckgeräusche werden bestens übertragen)

▨ Essen (Hartes ist mehr als deutlich zu hören)

▨ Bei Rückfragen an andere mit „Moment mal" die Sprechmuschel verdecken. Wenn eine Rückfrage nötig wird, erklären Sie das und schalten Sie dann auf „stumm".

- Schweigen (Ausnahme: gezielt eingesetzt, um den anderen zu bremsen)
- Parallel mit anderen sprechen, auf andere achten.
- Parallel an einem anderen Vorgang arbeiten.

Ergänzend finden Sie hier einige zusammenfassende Hinweise darauf, was Sie praktizieren sollten, um das Telefonat sympathisch und zielbezogen zu entwickeln:

Sympathisch und zielbewusst telefonieren

- Lächeln und Lachen (allerdings nur *mit* Ihrem Gesprächspartner statt über ihn oder andere!)
- Zuhör-Signale geben (Hm, jaa, aha …)
- Verbindliche Übergänge schaffen: „Verstehe ich Sie richtig: …" oder „Sie meinen also, dass …" vor Ihrem Argument für Ihr Angebot.
- Starten Sie Ihre Antwort mit dem Namen Ihres Zuhörers (gerade nach Einwand-Fragen).

Wie beim guten alten Freiherrn von Knigge gilt auch hier: Wenn Sie dies beachten, erhöhen Sie die Wahrscheinlichkeit, auf positive Resonanz zu stoßen, erheblich. Die notierten Empfehlungen schließen durchaus ein, dass Sie sich auf Eigenheiten von Branchen, Szenen oder Regionen speziell einstellen müssen.

TTT 18: VoIP mit geringem Technikeinsatz nutzen

„Voice contact via Internet Protokol" meint Internet-Telefonie. Mit der rasanten Entwicklung von Internet und Telekommunikation Schritt zu halten, fordert Anwender und Unternehmen heraus. Sie müssen gut informiert sein, um passende Endgeräte, Kanäle (Festnetz, mobil, Internet), Nutzungsmöglichkeiten (Telefon, SMS, IM, E-Mail) und Tarife auswählen zu können. Aber wer die Wahl, hat die Qual – und ist dennoch von den anderen beteiligten Personen abhängig: Viele Geräte, Kanäle und Provider sind kompatibel, bei manchen dagegen ändern sich Tarife erheblich, wenn vom einen zum anderen kommuniziert wird. Der Tarifdschungel erschwert die Entscheidung, in Geräte und Basisvertrag zu investieren, um dafür geringe laufende Kosten zu haben – oder umgekehrt, abhängig von der Kommunikations-Intensität. Ist die eine Variante eher für kleine und mittlere Unternehmen oder Einzelkämpfer geeignet, profitieren von einer anderen eher Großunternehmen.

Günstig im Netz von Skype kommunizieren

Zum Zeitpunkt des Redaktionsschlusses dieses Buches scheint Skype eine kostengünstige Lösung, vorausgesetzt, alle – oder zumindest sehr viele – Ihrer Telefon-Partner verfügen ebenfalls über einen Skype-Account und können so untereinander übers Internet gratis telefonieren. Anrufe von Skype in Festnetze hinein dagegen können deutlich teurer werden als bei üblichen Tarifen. Anders bei Jajah: Hier gibt es günstige Tarife für alle Netze, vorausgesetzt, die Teilnehmer gehören zu einer definierten Community. Wie stellen Sie aber fest, inwieweit eines dieser Netzwerke bereits eine Rolle innerhalb Ihrer persönlichen Netzwerke spielt? Suchen Sie danach: Bei Xing etwa wird der Skype-Account abgefragt, wahrscheinlich gilt das auch in anderen Special Communities. Entscheiden Sie, was Sie nutzen möchten, entgeltlich oder gratis (= durch Werbung finanziert).

VoIP birgt Zusatznutzen

VoIP bringt zudem interessante Zusatzeffekte, die Sie vielleicht nutzen möchten:

- Preiswerte(re) TelCons
- Bild-Ergänzung beim Sprech-/Hör-Kontakt durch WebCam
- Informationen darüber, wer aus Ihrem Netzwerk gerade online ist
- Instant-Messenger-Funktionalität (à la Telegramm bei AOL usw.)
- … und bestimmt inzwischen weitere, sobald dieses Buch erschienen ist.

Übers Internet zu telefonieren erleichtert Ihnen außerdem, die im nächsten Tool angesprochenen Web-Services einzusetzen.

TTT 19: **Web-Sharing**

Wie „online-affin" sind Sie – und wie sehr im Web unterwegs sind Ihre Ansprechpartner, auch jenseits Ihres eigenen Netzwerks? Die Nähe zu diesem Medium, die Freude am Umgang damit, die Lust am Kommunizieren übers Internet – sie sind eine wichtige Voraussetzung dafür, parallel zum Telefonieren visuelle Kanäle einzusetzen. Mit der WebCam etwa können Sie einander wechselseitig sehen statt nur hören. Dem anderen etwas am Bildschirm zeigen und gemeinsam Unterlagen durchzugehen zu können, erleichtert die Kommunikation in vielen Fällen erheblich. Es erhöht die Chance, mit weniger und kürzeren Telefonaten das gemeinsame Ziel zu erreichen, egal, ob es um Akquisition oder Projektbesprechung, Kontakte oder Presseinterviews geht. Web-Sharing-Programme (oder Co-Browsing) helfen, erheblich Zeit – und damit Geld – zu sparen, ähnlich dem Einsatz von Telefonkonferenzen (TelCons). Wenn dieses Thema relativ neu für Sie ist, kontaktieren Sie Unternehmen, die derlei anzubieten haben:

Ergänzen Sie visuelle Kanäle übers Internet

- Beide (alle) Beteiligten greifen über einen externen Server gemeinsam auf die gleichen Daten zurück – das können zum Beispiel Web-Angebote sein: Web-Sharing, Co-Browsing.
- Eine definierte Gruppe kann zeitgleich wie zu unterschiedlichen Zeiten auf gemeinsame Daten auf einem externen Server zurückgreifen und diese mit Kreativ-Tools bearbeiten: FlipChart oder MindMap – und auch Dateien jeder Art, etwa aus Word oder Excel.
- Auf einem Server sind die Daten von Drucksachen jeder Art hinterlegt, die Mitglieder eines Verbunds, Kunden eines Unternehmens, Mitarbeiter eines Konzerns auf ihre Bedürfnisse anpassen und einsetzen können.

Natürlich sind Nutzungserlaubnisse, Zugriffsrechte etc. passend zu definieren, geschlossene Nutzergruppen zu kreieren und Administratoren, Moderatoren sowie Mitglieder/Teilnehmer zu institutionalisieren. Was davon klingt für Sie so interessant, dass Sie sich informieren möchten?

Orientieren Sie sich über Suchmaschinen oder werfen Sie gerne einen Blick in die Angebote dieser Unternehmen:

- ISDT: MetaChartPlus bietet eine Kreativplattform, siehe www. isdt.de
- Netviewer – ein Klassiker im Bereich des Co-Browsing, siehe www.netviewer.de
- Drucksachen-Verwaltung, zum Beispiel via www.intellidoc.dk.
- TelCon-Software, mit der Sie über Ihr normales (Web-)Netz VoIP nutzen, inklusive WebCams: www.2meet.cc.

Das sind mir derzeit bekannte Unternehmen, deren Software ich selbst angewandt habe, speziell in engeren Netzwerken mit kooperierenden Unternehmen. Inwieweit diese oder ähnliche Angebote für Sie hilfreich sind, entscheiden Sie am besten anhand tiefer gehender Informationen oder eines Tests. Nutzen Sie beispielsweise:

- Demo-Version – in aller Regel via Download, manchmal noch auf Datenträger
- Test-Voll-Version mit zeitlicher Begrenzung (auf 30, 60 oder sogar 90 Tage)
- Online-Beratung übers Telefon mit Web-Sharing/Co-Browsing

Der finanzielle Aufwand hängt – wie meist bei Software – ab vom Umfang der eingesetzten Module und der Anzahl der Nutzer (Lizenzen). Betreuung und Updates kosten extra, Online-Workshops oder auch Präsenz-Schulungen werden angeboten. In absehbarer Zeit ist mit Virtual-Life-Schulungen (etwa auf Second Life) zu rechnen.

Werten Sie Ihren Telefon-Kontakt zu einer „vis-à-vis-nahen" Kommunikation auf, indem Sie auf das eine oder andere der oben genannten Instrumente zurückgreifen. Sie maximieren damit Ihre Chancen, sowohl vonseiten Ihrer Mitarbeiter als auch Ihrer Gesprächspartner, besser ins Gespräch zu kommen und leichter zum Erfolg. Beobachten Sie, was in Ihrer Branche bzw. in den Branchen Ihrer Zielpersonen üblich ist: Die IT-Branche etwa ist näher an diesem Thema dran als der klassische Handwerker … Und wie immer gilt es, Kosten und Nutzen abzuwägen.

TTT 20: **Spiegel am Telefon: bitte lächeln!**

Ein Spiegel am Telefon hilft Vieltelefonierern, den Mangel an visuellem Kontakt etwas zu kompensieren. Das Sehen der eigenen Person ersetzt das unsichtbare Gegenüber. Vielen Telefon-Agents genügt es, andere Personen rundum zu sehen, andere wiederum nutzen mit Freude die Gelegenheit, den Gesprächspartner sichtbar werden zu lassen. Manchmal höre ich „… wird nur als Kosmetik-Spiegel missbraucht" oder „… ich kann mich selbst nicht sehen!" Wer sich aber bewusst macht, was beim Blick in den Spiegel geschehen kann, profitiert mindestens zehnfach:

1. Ich schaffe mir ein Bild.
2. Ich sehe mich lächeln – oder auch nicht.
3. Ich merke, wenn meine Mundwinkel nach unten streben – und kann sie heben.
4. Ich strahle mich an, wenn ich Erfolg hatte.
5. Ich verarbeite negative Erlebnisse – schon mal die Zunge rausgestreckt?
6. Ich merke, wenn ich Pause brauche.
7. Ich entdecke, dass ich auf dem Weg in die Negativ-Falle bin: Stirn runzeln, böser Blick – das muss ich ändern!
8. Ich setze verstärkt Mimik und Gestik ein – zum Beispiel Kopfbewegungen und meine Hände.
9. Ich habe weniger Gegenstände auf meinem Schreibtisch verteilt, damit ich den Blick zum Spiegel frei halte.
10. Ich verhänge den Spiegel, wenn er mir gerade mal weniger passt – zum Beispiel mit einem Smiley.

Was bringt der Spiegel?

Sie sehen, Testen ist auch hier risikofrei: Verhängen geht schließlich immer. Je nach Schreibtisch eignen sich Spiegel unterschiedlicher Art:

▨ Spiegel angebracht in Sichthöhe (oder schwenkbar), sodass der Telefonierende sich bei normalem Sitzen sehen kann.
▨ Spiegel von etwa Bildschirm-Größe, damit ein natürlicher Bildausschnitt sichtbar wird (Kosmetik-Spiegel oder Spiegelflächen zum Ankleben an den Monitor sind eher Verlegenheitslösungen).

Vor allem Call-Center-Ausstatter bieten adäquate Lösungen an. Wenn Sie mit Schreibtischen inklusive Schallschluck-Wänden arbeiten, bieten diese optimale Flächen, um einen Spiegel anzubringen.

TTT 21: **Telefonieren im Stehen**

Dynamisieren Sie Ihren Dialog!

Ihre Haltung hat entscheidenden Anteil an Ihrer Art zu sprechen: Sitzen Sie gequetscht, weil Sie den Hörer mit der Hand ans Ohr halten und sich dem Monitor entgegenneigen, klingt Ihre Stimme entsprechend gedrückt und weniger verständlich. Wer aufrecht – und dennoch bequem entspannt! – sitzt, verschafft sich einen größeren Atemraum und spricht freier. Am meisten Volumen erreichen Sie im Stehen, weil dann Brust- wie auch Bauchatmen frei möglich ist. Ihre Stimme klingt tiefer, ruhiger und lauter – alles in allem: verständlicher. Versuchen Sie es und Sie stellen fest, dass noch mehr passiert:

- Mit mehr Stimmvolumen erhalten Sie erhöhte Aufmerksamkeit.
- Sie klingen sicherer – und fühlen sich auch so.
- Es fällt Ihnen leichter, das Gespräch zu führen: Im Stehen wachsen Sie und wirken somit dominanter, souveräner.
- Dynamik kommt ins Spiel – Sie können sich bewegen, und seien es nur kleine Schritte nach links, rechts oder im Kreis.
- Sie denken schneller, weil Ihr Kreislauf in Schwung gerät.
- Ideen sprühen, Sie werden kreativ(er).
- Sie sind aufmerksamer und konzentrierter …
- … was auch damit zu tun hat, dass Sie sich von den Vorgängen lösen, die sich auf Ihrem Schreibtisch breitgemacht haben.

Passen Sie Ihren Arbeitsbereich an

Hat Sie das überzeugt? Dann sorgen Sie dafür, dass Sie künftig mehr im Stehen telefonieren:

- Besorgen Sie sich ein Stehpult, das Sie neben Ihren Schreibtisch platzieren: So trennen Sie künftig Schreiben und Telefonieren.
- Kombinieren Sie Schreiben und Telefonieren, wenn das eine Platzfrage ist: Höhenverstellbare Schreibtische sind eine interessante Lösung, auch in Call-Centern.

▨ Stellen Sie ggf. von normalen Headsets auf kabellose um, auch Earpieces (mit Bluetooth-Technologie) sind durchaus erschwinglich.

Menschen mit starker Körpersprache tun sich beim Telefonieren auch deshalb schwer, weil sie sich an den Schreibtisch gefesselt fühlen. Lösungen wie oben skizziert machen aus Telefon-Verweigerern häufig Telefon-Fans – welch ein Fortschritt!

TTT 22: **Headset / Earpiece hilft**

In früheren Zeiten gab es bei Viel-Telefonierern drei Arten von (Berufs-)Krankheiten:

Gesundheitsprobleme im Call-Center

1. Rückenprobleme – lösbar über bessere Sitzmöbel (etwa Kniestuhl, Stühle mit flexiblen Rücken- und Armlehnen usw.).
2. Stimmband-Entzündungen durch Überlastung – dagegen hilft ein Training für den Stimmeinsatz (zu viel Druck) und ein Verändern des Trinkverhaltens.
3. Hals- und Armmuskelverspannungen – weg mit dem Hörer, der zwischen Hals und Schulter geklemmt wurde, um beide Hände zum Schreiben frei zu haben.

In manchen Service-Centern von Unternehmen habe ich Diskussionen rund um Headsets erlebt, die geradezu haarsträubend waren. Dies waren angeführte „Argumente" dagegen:

▨ Da sehe ich ja aus wie eine aus dem Call-Center.
▨ So ein Ding bringt meine Frisur durcheinander.
▨ Da muss ich mich jedes Mal abkoppeln, wenn ich den Platz verlasse.
▨ Das Kabel stört, wenn ich mich ein bisschen am Platz bewege.

Natürlich müssen Sie Derartiges ernst nehmen, wenn es eingebracht wird. Fakt ist jedoch:

Headsets entlasten

▨ Mit Headset habe ich beide Hände frei und kann jederzeit per Hand oder am PC schreiben oder surfen.

201

- Ich kann mich freier im Stuhl bewegen und so meine Haltung verändern.
- Per Headset werden Störungen ausgefiltert, für mich wie für die andere Person am Telefon – wir verstehen einander besser.
- Ich bin konzentrierter, weil ich „etwas auf den Ohren" habe.

Sind Headsets einmal genutzt, werden die Vorteile schnell verstanden und erlebt. Unterstützen Sie deren Einführung, indem Sie ein paar Euros mehr in die Hand nehmen und auf folgende Eigenschaften achten:

- Möglichst klein – eher „mono-aural" (also nur für ein Ohr) denn „bi-aural" und mit schmalem Bügel, das schont Frisur und Kopfhaut.
- Möglichst kabellos – das erleichtert das Bewegen, Aufstehen und Ein-paar-Schritte-Gehen (und braucht selteneres Abkoppeln aus dem System).
- Möglichst gut ausgesteuerte Mikrofone, die zwar die Stimme des Sprechers aufnehmen, Nebengeräusche aus dem Umfeld aber weitestgehend herausfiltern.
- Möglichst regelbare Lösungen, sodass die Lautstärken von Sprecher wie Hörer an individuelle Gegebenheiten anpassbar sind.

Messen wie die Call-Center-World, Verbände wie das Call-Center-Forum, Medien wie TeleTalk und Anbieter wie GN-Network verschaffen Ihnen einen Marktüberblick. Meist ist es möglich, Testgeräte zu erhalten, sodass betroffene Mitarbeiter selbst ausprobieren und mit auswählen können, was ihnen besser gefällt.

TTT 23: **Tandem-Terminieren**

Innendienst telefoniert, Außendienst besucht

Im Akquise-Kapitel war die Rede davon, Kontakte über den „Umweg" einer Terminvereinbarung neu zu knüpfen oder zu reaktivieren. Häufig werden dabei die Funktionen des persönlichen Gesprächspartners und des Telefon-Terminierers getrennt. Im Allgemeinen gibt es dafür eine Art Pool-Lösung, das heißt, im Prinzip vereinbart jede Innendienstkraft Termine für jeden Kollegen im Außendienst. Im Einsatz sind Assistenten, Innendienst-Verkäufer, die auch direkt am Telefon verkaufen, oder eigens geschulte Terminierer. Eine der großen Herausforderungen ist es dabei, den Terminkalender des jeweiligen Außendienst-Kollegen überschneidungsfrei zu gestalten und dennoch gut zu füllen. Je mehr Innendienstler damit beschäftigt sind und je mehr Außendienstler im Einsatz, desto schwieriger wird die Abstimmung – auch beim gemeinsamen Zugriff über Outlook oder andere Systeme.

In der Praxis hat sich deshalb das Tandem-Prinzip bewährt: Eine Person im Innendienst ist eindeutig einem Außendienst-Kollegen zugeordnet. Das können je nach Umfang durchaus auch zwei oder drei sein, wobei klar ist: Ausschließlich Person A terminiert für Außendienstler X (und Y und Z). Diese Exklusivität hilft zu verhindern, dass der jeweilige (Kunden-)Kontakt ähnlich Buchbinder Wanninger mal von A, dann von B und schließlich von C kontaktiert wird – und besucht von X. „One voice to the customer" erleichtert die Kommunikation ganz entschieden. Sind X, Y und Z Key-Account-Manager, die durch ganz Deutschland reisen, ist die Zuordnung der Außendienstler eher schwierig, einfacher ist es bei Gebietsverkäufern, bei denen definiert ist: Es kommt nur Herr X. Sorgen Sie entsprechend dafür, dass zumindest der telefonische Kontakt möglichst nur von einer Person wahrgenommen wird.

Die Zuordnung muss stimmen

Auch die interne Kommunikation wird deutlich vereinfacht, der Kontakt zwischen den beiden Personen im Tandem intensiver. Wie beim Tandem-Fahrrad laufen die beiden bald synchron, sie verstehen einander „auf Zuruf", weil sie einander besser kennen (lernen). Zugleich wächst die Abhängigkeit, die sich synergetisch nutzen lässt: Der Innendienst kann Aufgaben vom Außendienst übernehmen, der Außendienst Aufträge und Informationen für den Innendienst optimieren usw.

Feste Teams sind bald eingespielt

Was hier ausführlich am Beispiel Verkauf dargestellt ist, kann als Tandem-Prinzip in vielen anderen Situationen helfen:

- Assistenz-Pool: 1:1-Zuordnung zu Führungskraft, jedoch andere Personen vertretend.
- Programmierer bei Software-Dienstleister: direkter Ansprechpartner für zwei oder drei Kunden, solange Projekt läuft.

■ Helpdesk-Agent im Dienstleistungs-Call-Center: ist im laufenden Betrieb für verschiedene Projekte tätig. Ein bestimmter Kunde hat Vorrang und wird über Skill-(= Aufgaben-)Routing entsprechend zugesteuert.

Welche Tandem-Lösungen könnten Sie sich vorstellen?

TTT 24: **Elevator-Pitch am Telefon**

30 Sekunden Zeit sich zu präsentieren

Innerhalb von maximal 30 Sekunden sich und sein Angebot zu präsentieren, das ist die Idee der „Elevator-Pitch" genannten Kurz-Präsentation. Ursprünglich wurde der Pitch entwickelt für den ehrgeizigen Angestellten, der im Aufzug den Chef seines Chefs trifft und ihm blitzschnell ein Projekt vorstellen möchte, für das er dessen Entscheidung braucht – bevor dieser den Aufzug wenige Stockwerke höher wieder verlässt. Damit ist er passend für jegliche Gelegenheit, sich einer entscheidenden oder anderweitig hilfreichen Person in wenigen Sekunden vorzustellen und diese damit zu beeindrucken – sei es beim Small-Talk in lockerer Runde, am Rande eines Kongresses oder beim kurzen Treffen auf der Messe. Als 30-Minuten-Buch gibt es eine Entwicklungshilfe für diese „Aufzugs-Präsentation" von Joachim Skambraks beim GABAL-Verlag, die gezielt auf den persönlichen Kontakt zugeschnitten ist.

Am Telefon stehen meist weit weniger als 30 Sekunden zur Verfügung, einem erstmaligen Gesprächspartner Appetit auf ein Telefonat von mehreren Minuten zu machen – als Einstieg für hoffentlich längere persönliche Gespräche und irgendwann auch Aufträge. Die E-V-A-Struktur schließt sich an, sobald es gelungen ist, dem Zuhörer den Mund wässrig zu machen. Wenn Sie sich an die unausgesprochenen Hörerfragen erinnern, wissen Sie, was Sie anzusprechen haben …

Die wichtigsten unausgesprochenen Hörerfragen beantworten

Diese beiden Beispiele mögen den Elevator-Pitch fürs Telefon illustrieren:

„GABAL e.V. als führender Weiterbildungs-Verband vereint rund tausend Trainer, Berater und Personalverantwortliche. Menschen mit Interesse daran, wie Menschen sich entwickeln wollen: Persönliches Wachstum für Zukunftsfähigkeit, beruflich wie privat. Methodenübergreifend, interessiert an Innovationen, mit dem Blick auf die Qualität. Dazu gehören ethisches Verhalten wie auch fundierte Vorbildung. Tausend Weiterbildner sind vernetzt, regional und deutschlandweit."

„XYZ ist interessant für Sie, wenn Sie Lösungen für ABC suchen. Basierend auf …, betreiben wir seit mehr als 25 Jahren mit einem Großteil der DAX-Unternehmen gemeinsam Servicebereiche. Jahr für Jahr profitieren diese davon, dass wir in der Produktivität zweistellig zulegen. Selbst wenn wir den Zinseszins-Effekt weglassen, verdoppelt sich die Produktivität also in weniger als einem Jahrzehnt bei mindestens gleich bleibender Qualität!"

Optimal ist das Ergebnis, wenn der USP deutlich wird, die Unique Selling Proposition. Gemeint sind damit die Alleinstellungs-Merkmale eines Produktes, eines Unternehmens: Was ist bei Ihnen einzigartig oder innovativ, was unterscheidet Sie von Ihren Mitbewerbern? In diesem Sinne ist ein Elevator Pitch auf die Zielperson abzustimmen und nur dort aussichtsreich, wo der „Pitcher" auch landen kann – und muss gegebenenfalls individuell angepasst werden.

USP herausstellen

Nun machen Sie sich am besten gleich Gedanken, wie Sie sich, Ihr Unternehmen und Ihre Leistung in aller Kürze darstellen …

Ausblick:
Umsetzen in die Praxis
für nachhaltigen Erfolg

Innerhalb von drei Tagen anpacken

„Gedacht – getan" benötigt häufig einen viel längeren Weg als „von jetzt auf gleich", und das ist gut so. Kritisch zu prüfen, was Sie künftig verändert anwenden möchten, wirkt funktional und weiterführend. Allerdings gilt zugleich: „Was du heute kannst besorgen, das verschiebe nicht auf morgen." Eine häufig zitierte Transfer-Regel empfiehlt das „Umsetzen innerhalb von 72 Stunden danach", nämlich nach dem Kennenlernen eines Tools. Was nach drei Tagen noch immer der Umsetzung harrt, wird im seltensten Fall später noch angepackt und ist fürs Erste verloren.

Eins nach dem anderen

Eine weitere Empfehlung lautet: Konzentrieren Sie sich immer auf *einen* Aspekt, wenn Sie ein Verhalten verändern möchten. Nehmen Sie parallel mehrere Verhaltensweisen in Angriff, liegt Scheitern nahe, weil Gewohnheiten eingebrannt sind und Sie sich selbst verwirren: „Entlernen" dauert seine Zeit! Wählen Sie einen konkreten Punkt aus (der Klassiker: „Ich nenne künftig immer meinen Vornamen mit, wenn ich mich am Telefon melde – egal, ob ich aktiv anrufe oder einen Anruf entgegennehme"). Experimentieren Sie damit, je häufiger, desto wirkungsvoller! Sobald Sie bemerken, dass sich Ihr Verhalten so eingeschliffen hat, wie Sie das möchten, testen Sie einen weiteren Punkt. Ein typischer Lernprozess sieht folgendermaßen aus:

1. Unbewusst ein suboptimales (= verbesserungswürdiges) Verhalten anwenden.
2. Bewusst erkennen, dass dieses Verhalten suboptimal ist.
3. Optimales Verhalten bewusst machen und definieren.
4. Optimales Verhalten bewusst anwenden.
5. Optimales Verhalten unbewusst (weil verinnerlicht) anwenden.

Eine persönliche Veränderung ist dann besonders schwierig, wenn Sie auf sich selbst gestellt sind. Einfacher ist der Weg über ein Training oder Coaching im Arbeitsalltag. Je häufiger Sie sich das ermöglichen, desto nachhaltiger ist die Wirkung, desto dauerhafter der Transfer in Ihren Alltag. Suchen Sie sich einen Partner, der Sie bei Ihren Bemühungen unterstützt – sei es am Arbeitsplatz oder im privaten Umfeld. Schildern Sie dieser Person Ihr Anliegen: Von welcher Situation gehen Sie aus, welches Ziel möchten Sie erreichen – auf welchem Weg dorthin kommen? Nach diesem Briefing suchen Sie Gelegenheiten, Ihren Coach bei Ihren Telefonaten zuhören zu lassen. Sie können auch Gespräche aufzeichnen, sodass Ihr „Pate" off-the-line hören und Ihnen Feedback geben kann. Das ist zulässig, wenn nur Sie mitgeschnitten werden. Möchten Sie den kompletten Dialog aufzeichnen, fragen Sie Ihren Telefonpartner nach seiner Erlaubnis!

Persönliche Veränderungen mit Training oder Coach

Sie optimieren Ihre Weiterbildung, indem Sie einen professionellen Coach beauftragen: Ich selbst coache „on-the-job" Mitarbeiter von Telefon-Teams genauso wie Einzelpersonen, seien es Führungskräfte oder (Klein-)Unternehmer. Menschen, die in vielen Telefon-Situationen auf sich gestellt sind, sind froh über ein wohlwollendes Flankieren ihrer Bemühungen. Als Schritte zum erfolgreichen Transfer gelten:

1. Erkennen des Veränderungsansatzes
2. Commitment = Selbstverpflichtung zur konkreten Veränderung
3. Coaching-Partner einbeziehen, um Feedback und Fremdsicht zu erfahren
4. Reflexions-Phasen – Rückblick auf Vergangenes und Commitment
5. Aufzeichnung – auch und gerade von Telefonaten, die Ihr Ziel spiegeln

Und was tun Sie, um andere zu unterstützen? Vielleicht begleiten Sie selbst als Coach derartige Veränderungsprozesse? Dann wissen Sie, dass die ersten Schritte meist die schwierigsten sind: Die Notwendigkeit für Veränderungen zu erkennen und sich zu überwinden, in den Prozess einzusteigen.

Der Stille-Post-Test für die Kommunikation im Team

Als Führungskraft könnte Ihnen dabei ein weiteres Kommunikationsspiel helfen, die „Stille Post" in abgewandelter Form. Üblicherweise wird dabei eine Botschaft flüsternd von Person zu Person weitergegeben, bis sie schließlich etwas völlig anderes ergibt. Ändern Sie den Kommunikationskanal und geben Sie Ihrem Team diese Aufgabe:

„Herr A, für das morgige Team-Meeting bitte ich Sie, die entscheidenden Agenda-Punkte persönlich per Telefon weiterzuleiten, und zwar in alphabetischer Reihenfolge. Sie rufen also Frau B an, die wiederum Herrn C telefonisch informiert, der die Informationen an Frau D weiterreicht, bis schließlich Herr Z als Letzter informiert ist. Morgen geht es darum, …"

Nun nennen Sie fünf Punkte, die Sie weder in eine sinnvolle Reihenfolge bringen noch pointiert aufzählen. Unterlassen Sie auch die Aufforderung zum Mitschreiben. Sie tun also alles, damit die Botschaft garantiert eine Metamorphose durchläuft. Auch dadurch, dass Sie die Konzentration der Beteiligten auf die alphabetische Reihenfolge der Weitergabe-Linie gelenkt haben. Am Folgetag leiten Sie das Meeting etwa in dieser Art ein: „Meine Damen und Herren, danke, dass Sie gestern rundum dafür gesorgt haben, dass die heutige Agenda alle erreicht hat. Herr Z, nennen Sie uns bitte die Punkte, die bei Ihnen angekommen sind."

In jedem Fall haben Sie beste Chancen, das Thema „Kommunikation im Team" zu bearbeiten: Was ist passiert, warum kamen die Punkte (völlig) verändert an? Wenn sich wenig verändert hat: Welche Strategien haben die Beteiligten eingesetzt, gesicherte Kommunikation zu erzeugen? Warum und wann (unter welchen Voraussetzungen) ist es sinnvoll, das Telefon zu benutzen?

Viel Erfolg damit – und mit Ihrer Telefon-Kommunikation! Wenn Sie eine konkrete Frage haben, mir Hinweise geben oder aus Ihrer persönlichen Erfahrung berichten möchten, rufen Sie mich an: Via 0172-8908260 können wir einen Termin für ein Telefonat über den für Sie günstigsten Kanal vereinbaren!

Nachwort

„Back to the roots" in der beruflichen (wie auch privaten!) Kommunikation nähert sich auf leisen Sohlen. So wird der Microsoft-Gründer Bill Gates in einem Beitrag für die *Frankfurter Allgemeine Sonntagszeitung* (27.01.2008) dahingehend zitiert, es würde generell wieder mehr mündlich denn schriftlich Information ausgetauscht. In derselben Ausgabe äußert sich Marissa Mayer (Leiterin New Products) für Google: „In zehn Jahren können Sie Google einfach eine Frage stellen …, (die) Sie nur aussprechen müssen." Aus meiner Sicht ab zeichnet sich damit ein klarer Trend ab:

Es wird wieder mehr mündlich kommuniziert

- Spracherkennung nimmt eine dramatische Entwicklung, die zu Zeiten meines Linguistik-Studiums in den 1970er Jahren ein absoluter Wunschtraum war (Telefon-Computer, Anrufbeantworter, Text-to-Speech-Dateien im Internet, Stimmerkennung im Rahmen von Biometrie, Stimm-Stimulation zur Steuerung technischer Geräte …).
- Texte und komplette Bücher werden vorgelesen und ins Web gestellt. Der sensationelle Erfolg des Hörbuchs wird sich weiter verstärken – mehr und mehr in der Form von MP3-Downloads aus dem Web (zum Beispiel kaufte amazon im Januar 2008 www.audible.de).
- Statt sich persönlich im „Salon" (Trend in Deutschland und anderen europäischen Staaten) oder im Lesekreis (Trend im Großbritannien) zu treffen, passiert das als „worldwide circle" in einer virtuellen Welt à la Second Life: mit Autorenlesung, Gedankenaustausch oder kritischer Würdigung aufgrund eines Initial-Referats.

Aber wie neu ist das denn tatsächlich? In früheren Zeiten konnten Erfahrungen, Erlebnisse und Erträumtes von Generation zu Generation ausschließlich mündlich weitergegeben werden, und dies scheint der „neue alte Weg" für die Zukunft zu werden – vielleicht als Web 5.0 in 25 bis 30 Jahren? Ich schließe aus diesem klaren Trend zum Mündlichen, dass künftig noch mehr telefoniert werden wird.

Sichern Sie sich Kommunikationsvorteile

Gerade die angedeutete Endgeräte-Vielfalt einerseits wie deren Konvergenz andererseits fächert fast unendlich viele Möglichkeiten auf. Ob das eine gute Kommunikation im Sinne von „gewinnbringend für beide / alle Beteiligten" wird, hängt von den Gesprächsteilnehmern ab. Sichern Sie sich deshalb schon heute Kommunikationsvorteile für morgen, etwa indem Sie beherzigen, was Sie in diesem Buch für Sie aufbereitet finden.

Führen Sie in diesem Sinne Fern-Gespräche so, wie Sie wünschen, dass mit Ihnen telefoniert wird – „Wie's in den Wald hineinschreit, so schallt es auch heraus!"

Viel Erfolg damit wünscht Ihnen
Hanspeter Reiter

„Ganz Ohr für Sie!"
0172/89 08 260
www.reiter-medienconsulting.de

Stichwortverzeichnis

Re-imagine
352 Seiten, gebunden
ISBN 978-3-89749-726-9

**Die 7 Wege zur
Effektivität**
368 Seiten, gebunden
ISBN 978-3-89749-573-9

Der 8. Weg
432 Seiten, gebunden
ISBN 978-3-89749-574-6

Die Umsatz-Maschine
240 Seiten, gebunden
ISBN 978-3-89749-631-6

FOODSPORT®
272 Seiten, gebunden
ISBN 978-3-89749-633-0

Leading Simple
192 Seiten, gebunden
ISBN 978-3-89749-708-5

**Die Trojanische
Verkaufsstrategie**
224 Seiten, gebunden
ISBN 978-3-89749-730-6

**Die heiligen Kühe und die
Wölfe des Wandels**
424 Seiten, gebunden
ISBN 978-3-89749-666-8

**Das 21. Jahrhundert
ist weiblich**
256 Seiten, gebunden
ISBN 978-3-89749-667-5

TQS – Total Quality Selling
224 Seiten, gebunden
ISBN 978-3-89749-668-2

Die fünf ZukunftsBrillen
328 Seiten, gebunden
ISBN 978-3-89749-669-9

**next practice - Erfolgreiches
Management von Instabilität**
224 Seiten, gebunden
ISBN 978-3-89749-439-8

7-064